南方山地玉米
化肥农药减施增效技术

◎ 全国农业技术推广服务中心　主编

中国农业科学技术出版社

图书在版编目（CIP）数据

南方山地玉米化肥农药减施增效技术 / 全国农业技术推广服务中心主编. —北京：中国农业科学技术出版社，2021.4

ISBN 978-7-5116-5256-0

Ⅰ.①南… Ⅱ.①全… Ⅲ.①玉米—施肥—研究—南方地区 ②玉米—农药施用—研究—南方地区 Ⅳ.①S513

中国版本图书馆 CIP 数据核字（2021）第 056633 号

责任编辑	李冠桥
责任校对	马广洋
责任印制	姜义伟　王思文

出 版 者	中国农业科学技术出版社
	北京市中关村南大街12号　　邮编：100081
电　　话	（010）82109705（编辑室）（010）82109702（发行部）
	（010）82109709（读者服务部）
传　　真	（010）82106625
网　　址	http://www.castp.cn
经 销 者	各地新华书店
印 刷 者	北京地大彩印有限公司
开　　本	880mm×1 230mm　1/16
印　　张	11.75
字　　数	331千字
版　　次	2021年4月第1版　2021年4月第1次印刷
定　　价	70.00元

《南方山地玉米化肥农药减施增效技术》

编委会

主　　编：贺　娟　刘永红

副主编：梁　健　陈　岩　万克江　冯宇鹏　汤　松　鄂文弟

参编人员：（按姓氏笔画排序）

马　川	王　群	尹　梅	邓　超	卢和顶	卢庭启
冉海燕	朱　波	朱正辉	朱永群	乔善宝	华菊玲
刘　艳	刘海岚	刘海涛	许文志	杜广祖	李　铷
李　晴	李广浩	李国勤	李鸿波	杨　云	杨　旭
杨　洋	杨　勤	肖厚军	吴元奇	吴叔康	何　川
何成兴	邹成佳	况福虹	宋　玲	张　扬	张　伟
张务帅	张力科	张兴富	陆大雷	陈　斌	陈山虎
陈新平	林建新	林海建	林超文	罗学梅	郑红英
郑祖平	赵　欢	赵晓燕	赵福成	侯红乾	姚　智
倪九派	徐祥玉	徐培智	高　磊	高世斌	郭　松
郭志祥	唐家良	唐照磊	浦　军	姬广海	黄　平
黄　露	黄吉美	黄真珍	崔阔澍	章振羽	蒋志成
道金荣	蒲全波	解开治	臧　英	廖长见	廖召发
熊　婷					

前　言

　　西南是我国优势玉米产区之一，西南及华南（统称南方，下同）14省、区、市籽粒玉米常年种植面积近9 000万亩，占全国的17%；鲜食玉米常年种植面积1 000万亩，约占全国56%；青贮玉米达到500万亩，占全国的16%。南方玉米主要种植在山地，土壤瘠薄与酸化并存，单产较低，籽粒玉米单产350千克/亩左右，鲜食玉米1 000千克/亩，青贮玉米普遍在2.5～3吨/亩，产量与全国平均水平以及本区规模化标准化高产典型均有较大差距。同时化肥、农药平均用量分别为16.7千克/亩、1.0千克/亩，高于全国平均水平，且病虫草害频发，化肥、农药施用多靠人工，施用次数多而粗放，方式和手段落后，机械化程度极低（综合机械化水平不到40%），利用效率和效益低而不稳定，不利于农业生产可持续发展。

　　2018年起，国家重点研发项目"南方山地玉米化肥农药减施技术集成研究与示范"开始组织实施，三年来，在南方籽粒玉米、青贮玉米、鲜食玉米的化肥农药减施增效生产方面做了一系列的探索，形成了一批行之有效的技术手段和农艺措施，有效应对了近年多发频发的灾情、虫情。

　　本书记录了"南方山地玉米化肥农药减施技术集成研究与示范"项目中切实可行、效果突出的一批技术手段，突出核心技术，详述具体技术，并凝练了一批适合周年生产的成套技术模式，以通俗易懂的语言、图文并茂的方式全面展示，辅以典型案例、技术模式图等，进一步明确技术细节、促进内容可复制、可推广，旨在服务农技人员、广大农民以及有意向参与玉米产业的生产经营者，助力提高南方地区玉米种植效率、效益和生产生态的和谐发展。

　　本书受国家重点研发项目"南方山地玉米化肥农药减施技术集成研究与示范"资助，编写过程中得到了有关农技推广体系和科研院所、高校的大力支持，在此一并表示衷心感谢！因新型技术试验示范时间为1～3年，编者编写时间仓促，加之水平有限，难免存在不足之处，敬请广大读者批评指正。

编　者

2020年12月

目　录

第一篇

单项技术

南方山地玉米有机无机配施固碳技术

一、技术概况

全球有10%以上的土地为农业用地，并且农田土壤碳库较其他生态系碳库更活跃，是全球碳库中的核心部分。虽受人类活动的干扰较大，但能在短时间内进行自我调节，其土壤有机碳（SOC）含量主要受外源有机物的输入和自身输出的影响。长期集约化种植可能会使农田SOC含量下降，因此人们长期以来都通过施肥来改善调节土壤肥力，以维持作物产量。有机肥和化肥配施能使SOC增加，促进植物生长，维持土壤肥力，是最基本的保护性措施。但施肥也会引起土壤微生物活性的改变，从而影响不同SOC组分含量和有机碳库稳定性。土壤微生物主要是通过影响团聚体的稳定性、土壤黏粒矿物的形成以及有机物料的可降解性来影响SOC稳定。有机物肥的输入能促进大团聚体的形成，提高土壤团聚体有机碳含量，大团聚体含量越多对稳定土壤团聚体有机碳含量效果越好，能显著增强土壤有机碳库物理稳定性。所以如何合理地施用有机肥对稳定土壤团聚体结构、提高土壤固碳能力具有重要意义。

在南方山地玉米有机无机配施主要技术的指导下，中国科学院·水利部成都山地灾害与环境研究所在四川省绵阳市盐亭县林山乡（E105°27′，N31°16′）开展了一系列相关研究，并将该技术应用到长期试验样地进行管理。研究区海拔400～600米，气候属中亚热带湿润季风气候区，年均气温17.5℃，年均降水量826毫米，无霜期290天。中深丘地貌，出露岩层为侏罗纪系上部蓬莱镇组、白垩系底部城墙岩群紫色砂泥岩。土壤为非地带性紫色土，广泛分布在长江上游丘陵地山区，面积26万多千米^2，集中分布在四川盆地丘陵区和三峡库区，面积16万千米^2。主要森林植被类型为人工柏树林或桤柏混交林。旱地农田作物以小麦、玉米、甘薯为主，水田以水稻、油菜或小麦为主。试验点代表了中亚热带四川盆地紫色土农田生态系统，区域地处中国地势第二、第三阶梯的过渡地带，位于长江上游生态屏障的最前沿，具有特殊的生态敏感性。该技术始于2004年，距今已开展了将近16年。连续多年的实验结果表明，在施入氮总量不变的条件下，用猪粪替代20%化肥并不会导致玉米减产，甚至猪粪和化肥配施条件下玉米产量（7.86吨/公顷）略高于单施化肥处理（7.56吨/公顷）。在施入总氮量一致的情况下，与单施化肥处理相比，猪粪和化肥配施能够促进作物碳吸收量增加4%～23%，土壤可溶性有机碳含量由79毫克碳/千克增加到91毫克碳/千克。

二、技术要点

1.肥料设计及用量

（1）南方山地玉米有机无机配施肥料配方。依据南方山地籽粒玉米的养分需求动态规律、基于南方山地土壤水分条件、土壤养分特征，结合农村牲畜粪便难以加工处理引发环境污染的现状，采用牲畜粪便和肥料相结合的方式达到减施增效的目的，其中牲畜粪便带入的有机肥含氮量占总推荐施氮量的20%，化学肥料施入的氮素占总推荐施氮量的80%。

（2）施肥量的确定。针对南方山地玉米种植的轮作制度多样、生态环境差异大、海拔相差大、土壤类型多等特点，根据不同的目标产量，提出了以下施肥建议。

①产量水平600千克/亩（1亩约为667平方米，下同）以上：氮肥（N）15~18千克/亩，磷肥（P_2O_5）5~7千克/亩，钾肥（K_2O）4~6千克/亩。

②产量水平500~600千克/亩：氮肥（N）12~15千克/亩，磷肥（P_2O_5）4~5千克/亩，钾肥（K_2O）3~4千克/亩。

③产量水平400~500千克/亩：氮肥（N）8~14千克/亩，磷肥（P_2O_5）3~4千克/亩，钾肥（K_2O）0~3千克/亩。

2. 品种选用及种子处理

（1）良种选择。根据当地自然条件，选用经国家和省品种审定委员会审定通过的优质、高产、抗逆性强的优良品种。水肥条件好的地块可选半耐密和耐密型品种（半耐密品种：指在每亩3 000~3 500株密度下能表现出耐密抗倒、高产稳产的品种；耐密型品种：指在每亩3 500~4 000株密度下能够表现出耐密抗倒、高产稳产的品种）。例如，川中丘陵主产区可选择耐密、抗旱耐高温、抗纹枯病和茎腐病、中大穗的中熟品种。

（2）种子处理。

①晒种：在播前暴晒种子2~3天，并经常翻动以使种子晒均匀。

②浸种：播前用冷水，或用0.15%~0.20%磷酸二氢钾液，或用稀释10倍以上的尿液、粪水、沼液等浸种12小时左右。

③药剂拌种再浸种后晾干：用种子量0.5%的硫酸铜拌种，可减轻玉米黑粉病的发生；用20%的萎锈灵拌种，可防治玉米丝黑穗病，用药量为种子量的1%；防治地下害虫，可用50%辛抑磷乳油拌种，药、水、种子的配比为1:（40~50）:（500~600），或用40%甲基异柳磷乳油拌种，药、水、种子的配比为1:（30~40）:400。

3. 机械选择及设定

（1）机具选择与使用。根据南方山地玉米土壤耕作与栽培技术、土壤条件等，选择具备可调节施肥量和施肥深度功能的相关机具，且符合《农林拖拉机和机械 安全技术要求 第3部分：拖拉机》（GB/T 15369—2004）、《施肥机械 试验方法 第1部分：全幅宽施肥机》（GB/T 20346.1—2006）、《施肥机械 试验方法 第2部分：行间施肥机》（GB/T 20346.2—2006）和《免耕施肥播种机》（GB/T 20865—2007）等国家标准的规定。

（2）排肥器及用量设定。根据南方山地籽粒玉米的肥料设计用量［千克/（公顷·年）］，准确调整排肥器，使施肥机械满足肥料施入量要求。

4. 施肥作业流程

（1）施肥时间确定。采用种肥异位同播，待土壤墒情适宜时进行播种与施肥操作。春玉米播种一般于3月中旬至4月初进行，夏玉米播种一般于4月中旬至5月中下旬进行。

（2）施肥深度及种肥间距。肥料在种子侧下方，肥料施入深度8~10厘米，种子播深4~5厘米，肥料与种子水平间距10~15厘米。

（3）施肥作业。由于有机肥数量较大，在耕地前将肥料均匀撒在地面上，结合耕地翻入土内。在机械选择、深度调试和施肥机械用量设定后，一次性将化肥结合玉米播种同时施入土壤。

（4）施肥质量检查。施肥开始阶段，除去施肥行表土，用尺子测量施肥深度是否符合要求，早发现早调整；施肥过程中，随机抽查测量不少于20个样点，合格率90%以上即通过。

5. 灌溉

在玉米3叶期，及时查看田间苗情，查苗补栽。如果土壤干旱，应灌定根水。玉米抽雄前后如出现明显旱情，会形成"卡脖旱"，严重影响授粉结实。在大喇叭口期前后，当土壤含水量低于田间相对持水量的70%时要及时灌水。在多雨年份、积水地块，特别是低洼地，遇涝要及时排水。

6. 化控防倒

穗期可喷施玉米健壮素使植株生长更加健壮，降低株高，增强秸秆硬度，防中后期倒伏。玉米健壮素用药量一般是每4 500～5 000株玉米用药30毫升（1支），兑水15～20千克，均匀喷施在玉米上部叶片即可，但生长势弱的植株、矮株上不能喷。

7. 适时采收

适当晚收可以保证玉米籽粒的充分灌浆和成熟，春玉米一般在7月中旬至8月上旬收获，夏玉米一般在8月中下旬至9月中旬收获。收获后抢天晴尽快晾晒，及早脱粒归仓，防霉变，防鼠害。

三、适宜区域

本技术适宜在南方山地玉米主产区如四川、云南、贵州、湖北等地进行推广，尤其在山区有机肥资源紧缺、经济能力有限的背景下，合理使用牲畜粪肥，不仅能实现资源合理分配使用、保证作物高产高效、减少环境负面压力，而且能增强土壤固碳能力、提高土壤健康质量、实现农业可持续发展。

四、效益分析

该技术始于2004年，距今已开展了将近16年。连续多年的实验结果表明，在施入氮总量不变的条件下，用猪粪替代20%化肥并不会导致玉米减产，甚至猪粪和化肥配施条件下玉米产量（7.86吨/公顷）略高于单施化肥处理（7.56吨/公顷）。在施入总氮量一致的情况下，与单施化肥处理相比，猪粪和化肥配施能够促进作物C吸收量增加4%～23%，土壤可溶性有机碳含量由79毫克碳/千克增加到91毫克碳/千克（图1）。

五、注意事项

本技术注意事项如下。
一是选择适宜当地生产的机械。
二是种、肥同播时注意排肥器和用量的设定，以及种、肥间距的设定。
三是施肥后进行施肥质量的检查，早发现早调整。

图1　使用有机无机配施固碳技术（右）与对照（左）的田间长势（供图人：宋玲）

六、技术依托单位

单位名称：中国科学院·水利部成都山地灾害与环境研究所

联系地址：四川省成都市武侯区人民南路四段9号

联系人：宋玲、朱波

电子邮箱：songling@imde.ac.cn

南方山地玉米农药航空施用技术

一、技术概况

玉米作为世界上分布最广的农作物之一，是重要的粮食作物和饲料来源。然而，玉米的产量易受到病虫害等生物因素的严重影响。目前，化学防治仍是防治病虫害的主要手段。而由于南方山地玉米通过性差和玉米田间空气流动性差的原因，使用传统的喷雾器喷施较为困难。近年来由于无人机高效、适应性强和可以减少农药与操作人员接触等优点，无人机喷药已被证实是化学农药的有效喷洒方式之一。但由于无人机高浓度、低容量的喷洒方式，其在靶标上的雾滴沉积较少。

为此，本技术通过理化性质试验、航空风洞内飘移试验和田间药效试验相结合的方式，通过对比不同农药配方的表面张力、接触角、蒸发速率、雾滴粒径特性和飘移损失等性质筛选适用于南方山地玉米农药剂型与飞防助剂。可以通过该技术成果降低药液44%的表面张力，使雾滴可以在玉米叶片完全润湿铺展，减少药液160%的蒸发损失和43%飘移损失，提高67%的药液沉积率、5%～30%病虫害的防治效果，减少农药使用量25%达到农药减施增效的目的。

二、技术要点

无人机（离心喷头）+1.5毫升植物油助剂+8克/亩氯虫苯甲酰胺水分散粒剂+1.5升/亩用水量+喇叭口使用（连续两次施药后要考虑抗性问题，换药或者加大药量）。

无人机（压力喷头）+1.5毫升超支化聚合物助剂+30毫升/亩甲维·茚虫威水乳剂+1.5升/亩用水量+喇叭口使用。

三、适宜区域

飞防助剂的筛选技术适用于大部分病虫害的防治，农药种类与施用量等参数要根据当地病虫害的抗药性和病虫害的严重程度而定。高温、干燥的区域可使用油剂或者传统药剂搭配抗蒸发能力强的飞防助剂使用。风速较大且下风向有敏感作物的区域选用防飘移能力强的药剂配方。一般情况选用内吸型农药搭配润湿铺展效果好的飞防助剂使用，加快靶标的药液吸收。

四、效益分析

使用无人机防治玉米螟虫时超低量油剂相对于传统的水分散粒剂增效5.04%～22.84%，搭配筛选后的飞防助剂两种农药剂型分别增效27.58%和9.09%。无人机喷施水分散粒剂添加飞防助剂后可减水16.67%。相对于传统作业机械减水98.33%和96.67%。

田间航空防治效率大于3.33公顷/小时，节省劳动力成本50%以上。在试验示范区内，农药有效利用率提高10%以上，增加防治效果5%～30%。则年节药效益：1 000架次×1 500公顷/架次×30元/公顷=

0.45亿元（以年推广1 000架次计算），可见该技术大规模推广应用后经济、社会效益非常显著。

五、技术依托单位

华南农业大学。

六、技术应用材料

针对玉米病虫害防治，选取农药氯虫·噻虫嗪（水分散粒粒剂，先正达）和油剂（超低容量剂，贵州大学）与14种飞防助剂组合配制成待测液。

1. 提高农药在玉米叶片上的润湿铺展能力

降低动态表面张力和接触角，可以改善液体在靶表面的润湿沉积，从而实现农药有效成分的渗透和传递。通过动态表面张力仪测定14种飞防助剂对两种农药剂型表面张力的影响，结果表明，一种有机硅助剂和聚合物类助剂可以降低水分散粒剂表面张力43.77%和40.59%，飞防助剂对油剂的影响较小。通过光学接触角以记录3微升液滴在玉米叶片上的接触角变化情况，有机硅助剂和聚合物类助剂都可以降低液滴在玉米叶片上的接触角为0°，使液滴完全在玉米叶片上铺展润湿，油剂不用添加飞防助剂就可达到同样的效果（图1）。

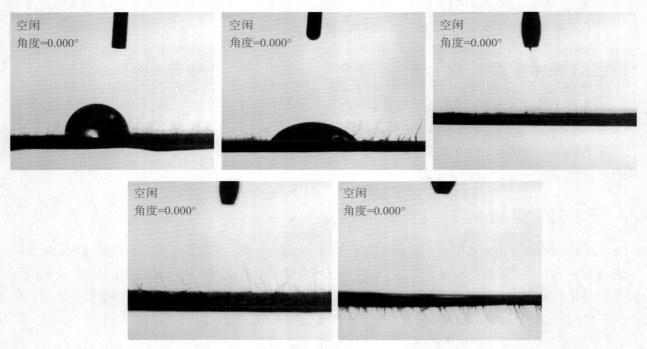

图1　不同药剂在玉米叶片上的接触角
（从左至右分别为：蒸馏水、WG、ULV、WG+有机硅、WG+聚合物）
注：WG为水分散粒剂，water dispersible granule；ULV为超低容量剂，ultra low volume。

2. 降低农药的蒸发速率

雾滴蒸发过程是农药喷施后发生的一种物理现象。农业无人机喷施作业时易受到大气温度和湿度的影响，温度超过25℃并且相对湿度较低时，由于蒸发因素的影响使小雾滴更易飘移。通过在恒温恒湿的人工气候箱中记录3微升液滴体积的变化情况，计算不同处理的蒸发损失，进而测定14种飞防助剂对两种农药剂型蒸发速率的影响。试验结果表明，聚合物类的飞防助剂对于减少水分散粒剂的蒸发损失效果最好，5分钟、10分钟、15分钟和20分钟后分别减少增发损失为14.81%、35.29%、36.67%和160%。油剂其本身的抗蒸发性能较好，相对于水分散粒剂20分钟蒸发损失90%，油剂的蒸发损失只有4%（图2）。

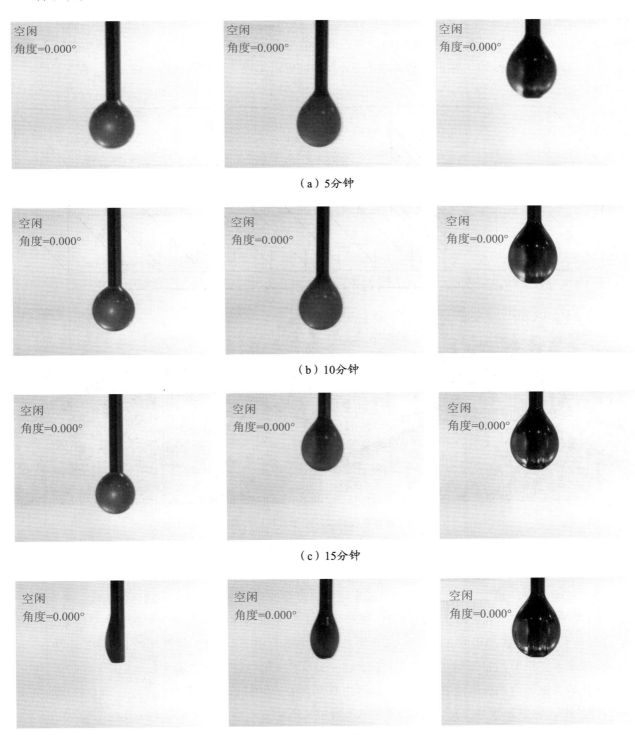

（a）5分钟

（b）10分钟

（c）15分钟

（d）20分钟

图2　液滴的蒸发过程（从左至右分别为：WG、WG+聚合物、ULV）

3. 减少雾滴飘移损失

喷雾雾滴粒径分布是农药雾化程度的主要检测指标。较大雾滴能够在较长时间内保持动量，到达靶标时间短，飘移较小，但雾滴过大又易造成药液覆盖率降低、靶标附着性差和药液流失，雾滴飘移是导致环境污染的重要原因之一。但由于雾滴飘移是一个十分复杂的因素的集合，为此要在农业航空风洞中测量飞防助剂对雾滴飘移损失的影响。试验结果表明，使用压力喷头时清水在喷头下风向的飘移损失为58%，油剂为43.8%，使用聚合物类飞防助剂可以降低清水43.1%的飘移损失。使用离心喷头时清水在喷头下风向的飘移损失为36%，油剂为19%，有机硅类助剂可以降低清水37.36%的飘移损失（图3）。

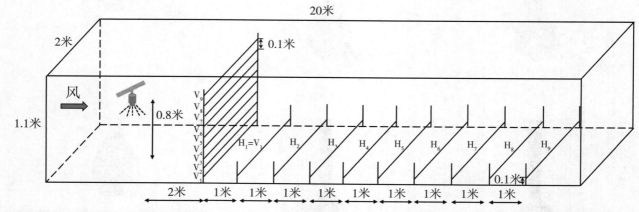

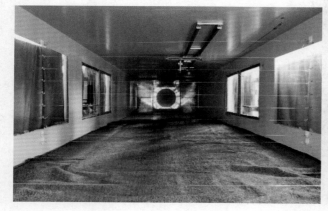

图3 雾滴飘移测试示意图及现场布置

4. 提高田间药效

（1）试验条件。试验时间选择在广州玉米螟虫害发生集中期的2018年6月27日，虫害调查时间分别为2018年的6月27日、6月30日和7月4日。试验地点为广州市增城区华南农业大学教学科研基地，试验地选择生长均匀整齐的玉米田。试验品种为处于扬花期的华美甜8号，前茬作物是水稻，试验时平均株高160厘米。试验当日气象条件为：气温26.5～34.9℃；相对湿度60%～68%；无持续风向≤3级。2018年6月27日施药前调查虫情表明，各小区幼虫数在200～300只，虫情较重。大多为2～3龄期幼虫，分布在叶片上。少数为4龄期幼虫，钻蛀进玉米茎秆中（图4）。

（2）作业机械。选用广州极飞电子科技有限公司提供的四旋翼载重10千克电动无人直升机P20、青州嘉亿农业装备有限公司提供的喷幅23米高地隙喷杆喷雾机3WPZ-700和背负式喷雾器进行喷施试验（图5）。通过喷施作业后的雾滴沉积特性（雾滴粒径、覆盖率、沉积密度、沉积量分布均匀性）、幼虫防治效果，研究不同作业机械的防治效果和无人机喷施玉米杀虫剂不同处理间沉积特性的区别。

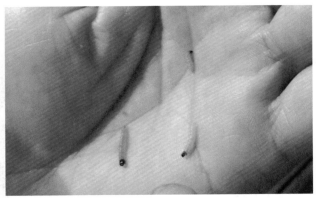

图4　玉米试验田和田间虫情

（a）P20

（b）3WPZ-700

图5　试验设备

（3）试验方案。该试验共有9个处理，1个高地隙喷雾剂处理、6个无人机处理、1个背负式喷雾器处理和1个空白对照（表1）。

表1　试验方案

处理	剂型	施药量（升/公顷）	助剂（%）	作业机械
A1	WG	900	0	高地隙喷杆喷雾机
B1	WG	15	0	
B2	WG	15	1	
B3	WG	18	0	无人机
B4	ULV	15	0	
B5	ULV	15	1	
B6	ULV	18	0	
C	WG	450	0	背负式喷雾器
CK	—	—	—	

（4）试验方法。

①雾滴沉积测定方法：喷雾开始前，在各个小区选择宽为2.5米，长20米的雾滴卡布置区。在布置区内选取两行，10个玉米植株作为测试点。每株分别布在玉米第一片叶（上部）、第三片叶（中部）、第七片叶（下部）及雌穗上，用回形针固定油敏纸（水敏纸）于叶片的正面。喷雾结束后，收

集测试卡，使用ImageJ软件分析雾滴的沉积情况 [D_{v50}（雾滴的体积中径）、雾滴覆盖率、雾滴沉积密度等]（图6）。

图6　油敏纸（水敏纸）布置

②幼虫防治效果调查方法：根据《农药　田间药效试验准则（一）杀虫剂防治玉米螟》（GB/T 17980.6—2000）对幼虫防治效果进行调查，在每个小区选取中间4行玉米，其他作为保护行，每行随机选择25株玉米，共100株做好标记，分别调查施药前、施药后3天和7天调查玉米螟幼虫数。幼虫防治效果公式如下。

$$活虫率（\%）=\frac{活幼虫数}{调查总受害株数}\times100 \tag{1}$$

$$幼虫防效（\%）=\frac{CK_1-PT_1}{CK_1}\times100 \tag{2}$$

式中，CK_1为空白对照区活虫率；PT_1为处理区活虫率。

（5）结果与分析。

①雾滴沉积结果：如表2所示，无人机喷雾作业时：体积中径，对于WG溶液，添加助剂后D_{v50}增大24.46%，ULV溶液增大27.06%；覆盖率，WG溶液添加助剂后覆盖率提高152.39%，ULV溶液覆盖率提高75.86%；沉积密度，WG溶液添加助剂后沉积密度提高53.11%，ULV溶液沉积密度提高21.71%；沉积率：WG溶液添加助剂后沉积率提高66.67%，ULV溶液沉积率提高50.00%；穿透率：WG溶液添加助剂后穿雾滴穿透效果提高27.47%，ULV溶液雾滴穿透效果提高22.77%。

表2　各小区雾滴沉积结果

处理	剂型	施药量（升/公顷）	助剂（%）	D_{v50}（微米）	FC（%）	DD（个/厘米²）	DR（微升/厘米²）	CV_d（%）	CV_c（%）
B1		15	0	139	0.63	24.33	0.02	87	65.53
B2	WG	15	1	173	1.59	36.78	0.06	41	47.51
B3		18	0	154	2.29	71.19	0.10	39	30.01
B4		15	0	170	0.58	20.91	0.02	56	54.41
B5	ULV	15	1	216	1.02	25.45	0.04	54	42.08
B6		18	0	167	3.44	36.31	0.03	84	52.59

注：FC，Fraction Coverage（雾滴覆盖率）；DD，Droplet Density（雾滴沉积密度）；DR，Droplet Rate（雾滴沉积率）。

②防治效果：图7为施药后3天和7天各小区幼虫的防治效果柱状图。从图中可以看出，添加助剂可以提高玉米螟幼虫的防治效果，相同施药量下，WG溶液添加助剂药后3天和7天后防治效果分别提高45.22%和27.58%，ULV溶液添加助剂后分别提高了7.32%和9.09%，相对于ULV溶液，WG溶液添加助剂后的防治效果的提高更大。采用无人机喷施杀虫剂防治玉米螟，部分处理的防治效果可以达到高地隙喷杆喷雾机（77.8%）和背负式喷雾器（75.5%）的防治效果。无人机作业时，喷施量和助剂处理相同时，喷施ULV溶液时的防治效果优于WG溶液。

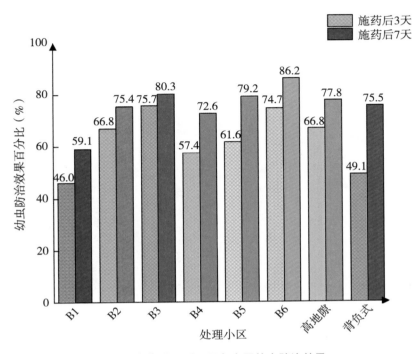

图7　施药后3天和7天各小区幼虫防治效果

5.优选施药参数

（1）作业条件。

作业时间：2020年6月13日　　　调查时间：6月13日、16日和20日

玉米品种：华美甜8号　　　　　生长期：抽穗期

防治对象：玉米螟、贪叶蛾　　虫龄：二龄为主

供试药剂如下。

①康宽：氯虫苯甲酰胺，悬浮剂，美国杜邦，内吸性，主要成分为20%氯虫苯甲酰胺。

②快捕令：甲维·茚虫威，水乳剂，中国农业科学院植物保护研究所，胃毒性，主要成分为2%甲氨基阿维素苯甲酸盐、10%茚虫威。

③纵格：氰·鱼藤，乳油，山东慧邦生物科技有限公司，胃毒性，主要成分为0.8%鱼藤酮、0.5%氰戊菊酯。

（2）作业机械（图8）。

（3）试验方案。本试验采用$L_9(3^4)$四因素三水平的正交试验表，分别为机型（XP、T16）、农药（氯虫苯甲酰胺、甲维盐、氰·鱼藤）、用水量（15升/公顷、22.5升/公顷、30升/公顷）第四个因素为空列以便进行整个正交试验误差的判断（表3）。

（a）大疆T16植保无人机（压力雾化）

（b）极飞XP2020植保无人机
（离心雾化）

（c）3WPZ-700高地隙喷杆喷雾机

图8　作业机械

表3　试验方案

处理	作业机械（助剂）	农药	施药量（毫升）	用水量（升/公顷）	正交编号
A1		氯虫苯甲酰胺	10	22.5	4
A2		氯虫苯甲酰胺	10	15	1
A3	XP2020（全丰）	甲维盐	50	30	5
A4		甲维盐	50	22.5	2
A5		氰·鱼藤	90	30	3
A6		氰·鱼藤	90	15	6
B1		氯虫苯甲酰胺	10	30	7
B2	T16（奇功）	甲维盐	50	15	8
B3		氰·鱼藤	90	22.5	9
C	高地隙	氯虫苯甲酰胺	10	900	—
CK	—	—	—	—	—

（4）小区划分。XP2020植保无人机6个处理，A1～A6，每个处理宽7米（2喷幅），长48米；T16植保无人机3个处理，B1～B3，每个处理宽10米（2喷幅），长48米；喷杆喷雾机1个处理，宽22米（2喷幅），长96米；CK作为空白处理区，宽9米，长48米（图9）。

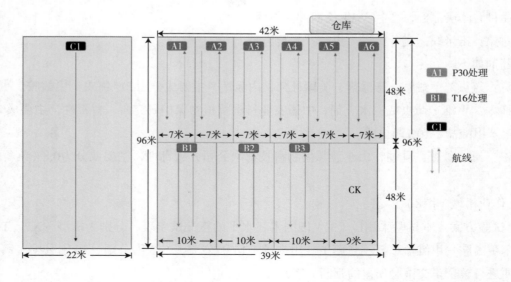

图9　小区划分

（5）结果与分析。从图10和表4的结果可以看出对防治效果影响主次从大到小依次为：农药剂型、作业机械、用水量。

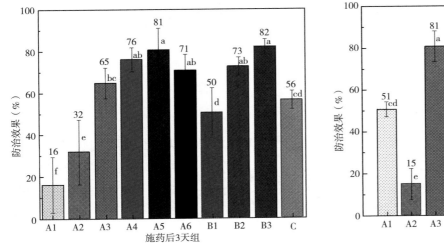
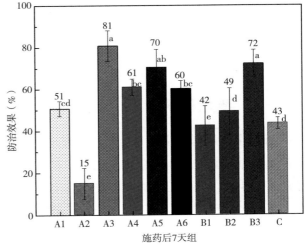

图10 施药后3天（左）和7天（右）各处理防治效果

表4 方差分析结果

源	Ⅲ类平方和	自由度	均方	F	显著性
修正模型	4 141.953a	6	690.325	10.305	0.091
截距	33 011.307	1	33 011.307	492.762	0.002
用水量	99.269	2	49.635	0.741	0.574
农药	3 549.147	2	1 774.573	26.489	0.036
机型	493.536	2	246.768	3.684	0.214
误差	133.985	2	66.992		
总计	37 287.244 596	9			
修正后总计	4 275.937 314	8			

机型	个案数	子集 1	农药	个案数	子集 1	子集 2	亩用水量（升）	个案数	子集 1
XP2020（1）	3	50.586 854	氯虫苯甲酰胺	3	32.746 479		1.5	3	58.098 592
XP2020（2）	3	62.793 427	甲维盐	3		71.126 761	1	3	58.333 333
T16	3	68.309 859	氰·鱼藤	3		77.816 901	2	3	65.258 216
显著性		0.109	显著性		1.00	0.422 235	显著性		0.378

玉米微生物种衣剂包衣及使用技术

一、技术概况

玉米生产过程中由于过度使用化肥农药引起的抗药性、环境污染，以及土壤肥力退化等问题日益严重。据调查，云南鲜食玉米主要病害有玉米大斑病、玉米茎腐病，籽粒玉米上主要有玉米锈病、小斑病，生产上防治玉米病害主要通过化学种衣剂如戊唑醇、种菌唑·甲霜灵，结合化学杀虫剂如噻虫胺等通过拌种或浸种处理，用于玉米根腐病、茎（穗）腐病和地下害虫的防治。本技术利用有益微生物菌剂如芽孢杆菌、溶杆菌等，通过二次包衣技术，添加阻断剂、成膜剂后，制成生物种衣剂，或通过拌种、浸种进行种子处理，达到防病、增产的目的。该技术具有使用方便、操作简单、易懂的特点。该技术适应范围广，可在鲜食玉米、籽粒和青贮玉米上使用推广。玉米播种前种子用生防菌剂包衣或拌种处理，种子播种或移栽时覆膜栽培，大喇叭口期使用有益微生物菌剂进行叶面喷施，达到增产增效、控制病害的目的。

二、技术要点

1. 微生物种衣剂处理方式

利用市场上具有不同活性功能的生防菌株或微生物农药如木霉、芽孢杆菌、假单胞菌和溶杆菌，处理方式为几种复配后，通过二次包衣技术，添加阻断剂、成膜剂后，制成微生物种衣剂。

2. 玉米种子二次包衣阻隔技术

针对市场上大部分种子是经化学农药处理过的玉米种子，使用阻断剂羧甲基纤维素、淀粉等在玉米种子表面可形成一层保护膜，然后再进行微生物菌剂包衣处理（图1），保护种子表面的微生物菌剂不受化学药剂伤害，同时测定玉米种子出苗率和长势。

图1　微生物种衣剂包衣

3. 种子处理

播前进行种子晒种、使用微生物种衣剂按药种比=1：50（W/W）进行种子包衣或拌种、浸种处理，混匀、晾干后播种。

4. 整地

对前作留茬高度超过25厘米的地块，及时用秸秆还田机将留茬粉碎后还田。表土细碎、地面平整、无板结且上虚下实等，开沟起垄，中间垄距为2米，覆膜。

5. 育苗、移栽或种子直播

鲜食玉米种子包衣后使用穴盘育苗（图2）。移栽每亩种植密度为3 500～4 000株。籽粒玉米拌种或浸种后采用直播方式，每亩种植密度4 000～4 500株，籽粒玉米可与大豆、马铃薯等作物间套作种植。移栽时剔除幼小生长力弱的玉米苗，保证玉米移栽时幼苗质量、长势一致，玉米移栽后及时镇压保墒；种子直播时，将拌种或浸种处理后的种子，点播在膜破口处，并及时镇压保墒。3叶期及时间苗，5叶期及时定苗，留大苗、壮苗、齐苗。

图2 穴盘育苗

6. 玉米生长期科学水肥草管理

肥料管理：采用配方施肥，新型控释肥（95千克/亩）+化肥（22.5千克/亩，减量20%）于整地时一次性施入，与常规技术模式施肥相比较，化学肥料减施20%。

灌溉措施：保证播种后及时浇水；抽雄前后15天是玉米需水的关键时期，此期若缺水会造成果穗秃尖、少粒，降低粒重，造成减产。因此，此期若降水偏少，出现旱情，应及时浇水补灌。

杂草防治：覆盖黑膜或白膜进行防治（图3）。杂草较多时可在杂草3～4叶期进行茎叶除草1次。

图3 整地、覆盖黑膜或白膜、移栽（供图人：姬广海）

7. 病害防治

微生物种衣剂包衣处理后，有益微生物可定植于玉米根际，与玉米根际形成互惠共生关系，长久持续激发玉米植株产生诱导抗病抗逆境能力，包衣玉米与大豆、马铃薯进行多样性种植可降低10%化学农药使用量。生长后期可视玉米病害发生情况，病虫害发生较重情况下施用（生物）农药进行防治。

（1）玉米锈病。发病前使用25%吡唑醚菌酯400～500倍或25%三唑酮可湿性粉剂1 000～1 500倍叶面喷施。

（2）玉米大/小斑病。发病初期，用哈茨木霉可湿性粉剂、抗生素溶杆菌菌剂100倍叶面喷雾，每隔5天喷1次，连喷2～3次。

（3）玉米茎腐病、根腐病、纹枯病。使用抗生素溶杆菌、木霉、芽孢杆菌、噻虫嗪+申嗪霉素种子包衣拌种或浸种处理，后期化学农药减施30%。

（4）玉米穗腐病。前期种子包衣或浸种处理可主要预防玉米穗腐病发生，后期若发病较为严重可使用50%异菌脲可湿性粉剂1 000倍喷雾。

（5）防治玉米螟和草地贪夜蛾。采取生物、化学协同防控的方法。在害虫发生早期、虫口密度低的时期使用生物与化学防治药剂相结合的措施，可降低化学药剂用量30%～50%。化学防治包括甲维·虫螨腈（每亩用量2.5克）、氯虫·阿维菌素（每亩用量3克）；生物防治包括释放赤眼蜂、叉角厉蝽等，生物农药包括苏云金杆菌、短稳杆菌、金龟子绿僵菌、球孢白僵菌等。

三、适宜区域

适用于云南玉米主产区，如鲜食玉米主产区：德宏傣族景颇族自治州芒市、西双版纳傣族自治州景洪市、玉溪市通海县、楚雄彝族自治州元谋县、昆明市盘龙区等；籽粒玉米主产区：曲靖市、昭通市等。

四、效益分析

该技术模式在鲜食玉米上表现为每亩产鲜苞重966.37～1 006.63千克，常规种植技术平均每亩产894.79千克。玉米微生物种衣剂技术可使每亩产量增加71.58～203.23千克，增产幅度8.1%～12.56%，按市场价鲜食玉米3元/千克计，每亩最低增收214.74元，鲜食玉米生产上大斑病为害较重，玉米微生物种衣剂技术模式与当地常规种植模式相比，玉米大斑病防效可达40%～60%。

籽粒玉米上每亩收获鲜苞重873.71～897.97千克，常规种植模式亩产平均为792.84千克，使用玉米微生物种衣剂技术每亩产量增加80.87～105.13千克，增产幅度10.2%～13.26%。按当地玉米市场2元/千克计，每亩最低增加产值161.74元，该技术模式可有效减轻玉米锈病、玉米灰斑病、玉米大小斑等叶部病害的发生，防治效果可达45%～60%。

使用该技术模式肥料减施20%，化学农药减施30%，每亩节约肥料43.2元，化学农药10元，加上人工费每亩节约成本共约253.2元。

五、注意事项

一是及时做好玉米病害监视预警工作，坚持贯彻"预防为主，综合防治"的植保方针。

二是玉米种植密度不宜过大，避免种植密度过大导致减产。鲜食玉米生产主要是在乳熟期收获鲜果穗，其果穗大小和均匀度、整齐度是影响其等级率、商品性和市场价格的重要因素。种植时必须以合适的密度种植以确保穗大、穗匀，提高果穗商品性。

三是避免阴雨天喷施生物农药，避免由于天气因素导致药效降低。

四是鲜食玉米生产过程中严禁使用高毒高残留农药，采收前15天内禁用化学农药，确保食用安全。

六、技术依托单位

单位名称：云南农业大学

联系人：姬广海

电子邮箱：550356818@qq.com

七、技术应用案例

2019年10月至2020年5月在云南省德宏傣族景颇族自治州芒市遮放镇、凤平镇等地，进行鲜食玉米微生物种衣剂技术模式推广示范，推广面积10亩，该技术模式每亩产鲜苞重966.37～1 006.63千克、常规种植技术平均每亩产894.79千克。玉米微生物种衣剂技术可使每亩产量增加71.58～203.23千克，增产幅度8.1%～12.56%，按市场价鲜食玉米3元/千克计，每亩最低增收214.74元，鲜食玉米生产上大斑病为害较重，玉米微生物种衣剂技术模式与当地常规种植模式相比，玉米大斑病防效可达40%～60%。肥料减施20%，化学农药减施30%，每亩节约肥料43.2元，化学农药10元，加上人工费每亩节约成本共约253.2元，每亩共计增收467.94元。

2019年5—10月在云南省曲靖市宣威板桥镇进行籽粒玉米微生物种衣剂技术模式推广示范，实测面积5亩，该技术籽粒玉米上每亩收获鲜苞重873.71～897.97千克，常规种植模式亩产平均为792.84千克，使用玉米微生物种衣剂技术每亩产量增加80.87～105.13千克，增产幅度10.2%～13.26%。按当地玉米市场2元/千克计每亩最低增加产值161.74元，该技术模式可有效减轻玉米锈病、玉米灰斑病、玉米大小斑等叶部病害的发生，防治效果可达45%~60%。肥料减施20%，化学农药减施30%，每亩节约肥料43.2元，化学农药10元，加上人工费每亩节约成本共约253.2元，每亩共计增收414.94元。

推广机制：以示范区建设为核心，利用科研院所的产业规划、科技成果等优势，充分发挥玉米种植专业合作社（大户）的引领作用，形成"科企社"成果应用模式，通过设置展示牌宣传、召开现场观摩会、专家测产以及组织各乡镇农技推广人员和农民进行技术培训的方法，辐射推广。

玉米秸秆资源化利用技术

一、技术概况

四川省玉米种植面积达2 700万亩，每年产生大量的玉米秸秆。秸秆还田虽然能够部分解决秸秆问题，但在机械化程度低、茬口过紧的地区秸秆还田依然存在问题。玉米秸秆的资源化利用则很好地解决了玉米秸秆问题。秸秆作物牲畜饲料，牲畜粪便经过资源化形成有机肥和沼液，有机肥和沼液还田作为玉米肥料。该技术首先解决了秸秆利用、牲畜粪便无害化问题，并实现玉米减肥增效。

二、技术要点

1. 玉米收获和秸秆处理

为确保秸秆的适口性，在玉米成熟后立即进行收获。有机械化条件的区域，直接用玉米收获秸秆粉碎打捆联合作业机，收获玉米籽粒并完成秸秆的固定回收。在没有机械条件的地区，在玉米籽粒乳线消失之后，首先人工收获玉米穗，然后将田间秸秆移除转移至秸秆收购点，或者用小型秸秆粉碎机粉碎，再送至秸秆收购点（图1、图2）。部分有配套养殖的农户，可以将秸秆直接粉碎后供牲畜食用。

图1　玉米秸秆粉碎（供图人：刘海涛）　　　图2　秸秆粉碎打捆资源化利用（供图人：许文志）

2. 品种选择

依据气候类型、播种时期，选用适宜品种。品种具有良好的抗倒性、抗（耐）主要病虫害，耐密植。种子大小适中、经过分级且均匀度较好，无开裂，无霉变，能较好地实现机播，种子质量符合《粮食作物种子 第1部分：禾谷类》（GB 4404.1—2008）的规定。

3. 耕地整地

在玉米播种之前用旋耕机进行旋耕，旋耕深度为15厘米、宽幅为2米，在旋耕效果较好的条件下，旋耕一次即可，若旋耕后存在大量土块，则可再旋耕1次，直至土壤细碎，地面平整。每耕层内土块外形最大尺寸≥6厘米的不得超过5个。选用中小马力农机，满足常规旋耕动力需求，且保证尽可能小的体积和转弯半径。建议选用耕作机械为60～90马力（1马力约为735瓦）拖拉机，转弯半径4米。

4. 播期和播种方式

播种夏玉米，播期一般为5月中下旬至6月上旬。待土壤墒情适宜，0～20厘米土壤含水量大于0.18克/厘米^3，且0～60厘米剖面有效贮水量高于60毫米，即可点播玉米。较大地块可采用机播条播，尽可能横坡种植，来降低水土流失。没有机播条件的农田可以选用轻简小型玉米双行点播器或者手工点播器播种。播种密度为4 000～4 500株/亩，行距为75厘米。

5. 施肥灌溉

在旋耕前撒施畜禽资源无害化后的有机肥1 500千克/公顷，施用复合肥尿素玉米专用肥等矿质肥料，折合养分75千克/公顷纯氮，磷肥（P_2O_5）75千克/公顷，钾肥（K_2O）75千克/公顷。在大喇叭口期再追肥尿素一次，施肥量为折合纯氮126千克/公顷。施肥方式推荐沟施，也可在降水前在每株玉米侧面撒施。有灌溉条件地区可以在前茬作物收获后马上充分灌溉一次，随即点播玉米，实现玉米的早播（图3）。

图3　施用有机肥替代矿质化肥（供图人：刘海涛）

离养殖场近的地区，可以采用畜禽粪便发酵后的沼液直接灌溉供肥，在播种前，拔节期和孕穗期可以分别灌溉沼液，灌溉量为5米^3/亩（图4）。

图4　沼液灌溉（供图人：许文志）

6.草害、病虫害管理

玉米除草两次。在播种后喷施封闭除草剂。选用50%乙草胺乳油200～300毫升/亩，兑水40千克，均匀喷施。在玉米5～7叶期，施用玉米专用除草剂，如56%二甲四氯钠盐可溶性粉剂80～120克/亩，兑水30千克，对杂草茎叶喷施。

玉米病虫害主要针对红蜘蛛、玉米螟和蚜虫。红蜘蛛虫害发生在幼苗期，应用螨危4 000～5 000倍液（每瓶100毫升兑水400～500千克）均匀喷雾。在玉米大喇叭口器，用48%毒死蜱乳油70～90毫升/亩，兑水40～50千克均匀喷雾。蚜虫防治施用48%毒死蜱乳油70～90毫升/亩，兑水40～50千克均匀喷雾。

三、适宜区域

该技术适用于四川盆地丘陵区，玉米种植面积大，机械化程度高，配套有畜禽养殖和秸秆收购点的地区。

四、效益分析

秸秆的收购能够增加部分收入，按照收购价150～250元/吨，每亩增收150元。畜禽粪便无害化有机肥替代矿质肥料，作为底肥施入农田，可以降低肥料的投入量25%，同时能够稳步提升土壤肥力，提高玉米产量。矿质肥料的减少投入，又能显著降低氨挥发、氮磷地表径流流失等面源污染问题，显著地提高了技术的环境效益。秸秆的离田处理，则能够适度降低土壤的病虫害。

五、注意事项

一是玉米收获时间不能过晚，在成熟之后马上收获，确保秸秆的新鲜度和适口性，没有发生霉变。

二是由于收获玉米籽粒，密度不能过大，从而容易造成倒伏，进而影响秸秆品质。适宜的密度。

三是有灌溉条件的地区，夏玉米要尽早播种，能够有效避免病虫害和提高玉米产量。

六、技术依托单位

单位名称：四川省农业科学院土壤肥料研究所

联系人：刘海涛、郭松、许文志

电子邮箱：liuht1986@163.com

第二篇

集成模式

西南山地秸秆还田保墒培肥耕作技术模式

一、技术概况

秸秆还田是当前农业生产中一项重要的培肥地力、减施化肥、增产增效的措施。秸秆中的养分资源对化肥具有部分替代作用，一定比例的秸秆还田率还可以替代钾肥、磷肥、氮肥的有效施用量。同时秸秆还田还能改善土壤结构、纳蓄雨水、减少土壤水分蒸发，实现增产增收。但在传统生产技术中存在秸秆腐解慢、影响下茬作物播种质量、病虫害增加等问题，限制了秸秆还田技术在大面积生产中的推广应用。针对以上问题和区域种植制度，以提高周年粮食产量和效益为目标，研究集成以"规范种植、秸秆还田、适雨播种、减量施肥、综合防治"为核心的西南山地秸秆还田保墒培肥耕作技术。经多年多点试验示范，该技术能适宜西南丘陵山地生产的需求，增产增收效果显著。

二、技术要点

1. 规范种植

因地制宜，选择适宜种植模式。坡耕地、小地块或间套作地块可选用"小麦/玉米/大豆""小麦/玉米/马铃薯"等多熟间套作种植模式，规范开厢，等高线种植。缓坡地、大地块或净作地块可选用"小麦/玉米""油菜/玉米"等两熟净作种植模式，种植行距应与机收机具相适应。

2. 秸秆还田

（1）间套作田块。在规范间套作基础上，进行覆盖还田。采用人工收获，各作物收获后整秆就地覆盖还田；采用小型机具收获，各作物收获后秸秆粉碎就地覆盖还田。

（2）两熟净作田块。应选用具有秸秆粉碎功能的收获机一次性完成收获和秸秆粉碎，如无粉碎功能应在收获后及时采用秸秆粉碎机进行秸秆粉碎，秸秆粉碎长度应小于10厘米。秸秆粉碎后根据地块条件选择适宜旋耕机将秸秆旋埋，旋埋深度8～15厘米，旋埋合格率≥80%。

3. 适墒播种

及时灭茬整地，适墒播种。土壤相对含水量达到60%以上，可采用人工或机播方式进行播种。机播时，选用微耕机作动力的小型播种机对较小、大坡度、间套作地块播种；选用中型拖拉机作动力的播种施肥机对较大、较平整、净作的地块播种。播种时墒情控制在土壤相对含水量60%～80%，可显著提高机播质量和效率。

4. 减量施肥

小麦磷、钾肥均作为底肥一次性施用P_2O_5和K_2O各4千克/亩；无机纯氮施用总量10～12千克/亩，其中60%作为底肥，40%作为追肥在分蘖期借雨追施，较传统氮肥用量减少30%以上。玉米磷、钾肥均作为底肥一次性施用P_2O_5和K_2O各6千克/亩；无机纯氮施用总量15～18千克/亩，其中40%作为底肥，

60%在大喇叭口期追施，较传统氮肥用量减少20%以上。有条件的地区可推广应用控释肥，一次性底施60～80千克控释肥。

5. 综合防治

组织专业化防治队伍，采用背负式机动喷雾机、高效宽幅远射程喷雾机、高地隙喷药机械等植保机械，进行防治。小麦季主要的病害有条锈病、白粉病和赤霉病，在选用抗病品种的基础上，于拔节孕穗期进行"一喷多防"，用20%的三唑酮即可防治白粉病和条锈病，赤霉病可以选用多菌灵、氰烯菌酯等在抽穗期喷雾防治。玉米季重点防治玉米螟、大螟、纹枯病、大小斑病、锈病等病虫害。灰斑病、穗腐病高发地区，种植感病品种的地块，大喇叭口期可采用扬彩（阿米西达或嘧菌酯）+福戈喷雾，一次清病虫害同步防治。

三、适宜区域

1. 技术适宜推广应用的区域

西南山区旱地"小麦/玉米""小麦/油菜"净作或"小麦/玉米/马铃薯""小麦/玉米/大豆"带状间套作习惯种植区。

2. 未来推广前景预测

据不完全统计，2018年南方山地玉米种植面积约12 439.2万亩。未来多种方式的秸秆还田将结合化肥、农药减施增效的新技术，继续在南方山地玉米种植区推广应用，预计未来5～10年相关技术推广应用面积达南方山地玉米种植面积50%以上。

四、效益分析

1. 技术（模式）示范推广应用的领域、时间、地点、示范规模

经过定位试验摸索建立的"秸秆覆盖增墒耕作"技术被农业部和四川省列为农业主推技术之一，在2015—2017年该技术与其他相关技术在西南地区累计应用3 738万亩，新增粮食118.12万吨，获得经济效益12.18亿元，取得了显著的经济、社会、生态效益。

2. 技术（模式）推广应用所取得的固碳减排、适应气候变化与防灾减灾等方面的增产增收和生态效益情况

经过10年的秸秆还田定位试验发现，秸秆覆盖还田处理能有效地提高旱地周年粮食产量，提高降水利用率，周年降水利用率较传统生产模式提高9.3%，周年产量提高8.5%，其中玉米能增产4.8%。秸秆覆盖还田还能显著提高土壤有机质含量，较传统翻耕能增加11.4%。此外，秸秆还田还能增加土壤全氮、全磷、全钾、碱解氮、有效磷和速效钾的含量，能培肥地力，可部分替代化学肥料，减施20%左右的化肥，达到增产的效果。

3. 获得的评价或鉴定情况等（专家评价或生产一线评价），该技术或以该技术为核心的成果获得科技奖励情况

农业部种植业管理司对秸秆全量覆盖增墒耕作技术开具了2015—2017年的应用证明；在生产一

线，专家们对秸秆还田技术增产增效的应用给予了高度的评价。"西南山地秸秆整株全量覆盖增墒耕作"技术与其他相关技术共同申报，以四川省农业科学院作物研究所为第一单位获得了多项奖励：2019年神农中华农业科学技术奖二等奖；2013年国家科学技术进步奖二等奖等。

五、注意事项

秸秆还田有增加后茬作物病虫害发生的风险，因此，要注意后茬作物播种至苗期虫害的防治工作，后茬作物生长中后期要提前喷施相关病害防治的农药，预防病害发生。

六、技术依托单位

单位名称：四川省农业科学院作物研究所

联系地址：四川省成都市锦江区狮子山路4号作物研究所

联系人：刘永红、杨勤

功能型复合肥增效技术模式

一、技术概况

1. 技术背景

重庆市农业耕地以山地、丘陵为主，长期以来形成河谷平缓地种植水稻，丘陵旱地种植玉米的格局，玉米种植中以人力为主，耕作管理粗放，尤其面对玉米种植区土壤黏重、土壤酸化、机械化推广难度大以及农民一次性不覆土式施肥，施肥重氮肥、磷肥，轻有机肥和钾肥的现状，为推进化肥减施增效，促进农民增产增收，推出功能型复合肥增效技术。

2. 核心技术

根据玉米营养需求特性和重庆土壤营养状况研发出添加聚谷氨酸增效剂的配方肥"郁乌金"25-8-10（含氯），配合合理的施肥管理，提高玉米营养。

3. 技术优势

增效剂是使用微生物发酵法制得的生物高分子，生态友好，安全高效，有效提高肥料利用率，具有平衡土壤酸碱值、可结合沉淀有毒重金属、可增强植物抗病及抗逆境能力、促进增产等作用。

4. 适应性

适用于重庆玉米主栽区域，尤其适用于黏重土壤区域。

二、技术要点

1. 品种选择

根据当地自然条件和生产水平选择正大999、华试919、中单808、西大211等品种。

2. 种子包衣

播种前用种衣剂"锐胜"（噻虫嗪）或者"满适金"（咯菌腈25克／升、精甲霜灵10克／升），也可两个同时混合，按照2千克/包用量包衣，种子晾干后播种，防治苗期病虫害、促进生长发育、提高作物产量的目的。

3. 肥团育苗

3月上中旬播种育苗为宜，高山区适当延迟，用肥团育苗移栽技术，营养土配制方法为用500份疏松肥沃土，500份腐熟有机肥或土杂肥，10份过磷酸钙，1份硫酸锌，0.5份硼肥加适量清粪水充分拌匀，其湿度以手捏成团，落地即散为宜。将配制好的营养土捏成200克大小的肥球，将种子放入肥球内，每球放1颗种子，起拱棚盖膜保障温度和湿度。

育苗移栽技术不仅有效抗御了3月底倒春寒的为害，同时有助于防止直播时鸟偷食的为害，还能增加产量。

4. 田间移栽

（1）移栽前炼苗。幼苗2叶时在晴天中午揭开苗床两头地膜降温炼苗，16：00—17：00盖回地膜，3天后，中午全揭地膜，仍于下午盖回，再过2～3天，揭去地膜，让其自然生长，一般在3～4叶期移栽。

（2）移栽密度。亩植密度2 800～3 000株，净作3 000株，双株等行：0.75米×0.5米；宽窄行"丁"字栽培为（0.8+0.6）米×0.45米；玉苕套作2 800株，双株等行：0.8米×0.45米，宽窄行为（0.8～0.6）米×0.5米。

5. 施肥技术

施肥原则：一是氮肥分期施用，氮肥总量的30%作基肥、30%苗期和拔节追肥，40%作为大喇叭口期追肥。二是依据土壤肥力条件，适当调整氮磷钾化肥用量。三是增施有机肥，提倡有机无机配合，在施用有机肥的情况下氮肥适当减量。四是根据土壤条件合理施用磷钾肥，在中性和石灰性紫色土注意锌的配合施用。五是肥料施用应与高产优质栽培技术相结合。

（1）施肥建议。针对重庆不同地区玉米种植的生态环境差异大、土壤类型多、海拔相差大、轮作制度多样等特点，根据重庆市农业技术推广总站发布数据，提出以下施肥建议。

①产量水平600千克/亩以上：氮肥（N）15～18千克/亩；磷肥（P_2O_5）5～7千克/亩；钾肥（K_2O）4～6千克/亩。底肥用郁乌金25-8-10（含氯）复混肥40～50千克，大喇叭口期亩追施尿素10千克。

②产量水平500～600千克/亩：氮肥（N）12～15千克/亩；磷肥（P_2O_5）4～5千克/亩；钾肥（K_2O）3～4千克/亩。亩用郁乌金25-8-10（含氯）复混肥35～40千克作底肥，大喇叭口期亩追施尿素10～12千克。

③产量水平400～500千克/亩：氮肥（N）8～14千克/亩；磷肥（P_2O_5）3～4千克/亩；钾肥（K_2O）1～3千克/亩。亩用郁乌金25-8-10（含氯）复混肥30千克作底肥，大喇叭口期亩追施尿素8～10千克。

（2）施肥方式。在离植株10～15厘米处打窝施肥，施肥后覆土（图1）。

注意：功能肥添加聚谷氨酸，螯合中微量元素锌，在碱性或中性土壤中，玉米施锌可提高叶片叶绿素含量，增强光合效能，促进植株生长和提高抗病、抗旱能力，减少纹枯病感染，达到增产目的。

图1　现场施肥

6.田间管理

（1）病虫害防治。重庆市高温天气比较明显，尤其是玉米生长后期高温干旱已经成为制约玉米种植的突出因素，注意防治玉米大斑病、小斑病、玉米螟虫、玉米纹枯病等病虫害，防治方法：亩用15%三唑酮可湿性粉剂100克或40%菌核净1 000～1 500倍液，结合叶面喷施磷酸二氢钾，防治玉米纹枯病；亩用70%的代森锰锌、甲基硫菌灵、多菌灵等杀菌剂喷洒大小斑病，间隔7～10天连续施药2～3次；防治玉米螟虫可用高效氯氟氰菊酯、杀虫双、毒死蜱等药剂。

（2）田间除草。

①出苗后使用的除草剂和方法，待玉米苗后3～5叶期，杂草2～4叶期，每亩用40%玉农乐（烟嘧磺隆）悬浮剂67～100毫升，兑水25～35千克喷雾，用药7天内禁止使用有机磷农药。

②玉米成株后使用的除草剂和方法，可采用田间定向喷雾处理。喷药时要在喷雾器的喷头上使用漏斗型防护安全罩，压低喷头，不可随意乱喷，要求向杂草定向喷雾，避免药液喷洒到玉米苗或左右地邻的作物上造成药害。在喷药作业时戴好口罩、手套、草帽，避中午高温时间，以防中毒中暑，确保人身安全。

7.适时采收

籽粒黑层出现，水线消失时适时采收（图2）。

图2　收获

三、适宜区域

适用于重庆市玉米主栽区域，尤其适用于黏重土壤、酸化板结土壤区域。

四、效益分析

中化涪陵根据项目需求，结合南方土壤状况研发的功能型复合肥"郁乌金"，添加增效因子、螯合中微量元素。增效因子富含亲水性基团——羧基（-COOH），能保持土壤中水分，改进黏重土壤的膨松度及空隙度，有效螯合中微量元素锌，降低玉米白化苗发生，提高氮磷利用率，改良土壤微环境，对酸、碱具有的缓冲能力，可平衡土壤酸碱值，同时，聚谷氨酸本身对于植物根部有天然的促进生长作用，刺激根毛和新生根系的生长，从而提升植物地下部分吸收养分的能力，在干旱、水涝和低温等逆境环境下，有效地保证水分和养分的正常吸收和缓冲旱、涝、寒等逆境对植物根系造成的损伤（图3）。

图3　根系长势

对功能型复合肥应用于玉米田间的经济性进行了测算，添加增效剂后可减少化肥使用量10%以上，玉米亩增产7.8%以上，亩投入增加10元（增效剂和中微量元素添加成本），亩增效71.5元以上。

五、注意事项

pH值小于5.5的土壤，可每亩增施生石灰50～150千克或土壤调理剂40～120千克。

六、技术应用案例

重庆市涪陵区双河镇，2018年推广使用中化涪陵功能增效肥"郁乌金"25-8-10（含氯），至2020年共推广面积2.6万余亩。

1. 技术亮点

通过肥料增效技术引导农民在种植中改进存在的问题，如购买农资注重价格，多选择低浓度复合肥，用量大、肥效不足；过量使用单质氮磷肥、忽视有机肥和钾肥；常年耕作不进行土壤深翻，土壤耕层变浅；不注重土壤改良，土壤严重恶化（涪陵部分区域土壤pH值达3.5）；重视大量元素忽视中微量元素，玉米白苗、秃尖、灌浆不饱满等问题，从而提高肥料利用率，提升玉米种植产量，提升农民收益。

2. 技术特点

功能型复合肥添加的增效剂是一种水溶性，生物降解，不含毒性，使用微生物发酵法制得的生物高分子。对肥料具有缓释作用，提高化肥利用率，超强亲水性与保水能力，促进作物根系的发育（诱导第二信使传递），加强抗病性，平衡土壤酸碱值，结合沉淀有毒重金属，增强植物抗病及抗逆境能力，促进增产等作用。增效剂结合中微量元素产品以期缓解现在农民土壤恶化、中微量元素缺乏问题和肥料增效问题等。

3. 推广重点

技术推广重点需要结合不同区域产量指标、土质情况与营养丰缺指标平衡施肥，同时配合科学的管理栽培技术，如育苗（播种）技术、病虫害管理、土壤整理等。施肥量和施肥方式要点如下。

（1）产量水平600千克/亩以上。底肥用"郁乌金"25-8-10（含氯）复混肥40~45千克，大喇叭口期亩追施尿素10千克。

（2）产量水平500~600千克/亩。亩用"郁乌金"25-8-10（含氯）复混肥35~40千克作底肥，大喇叭口期亩追施尿素10~12千克。

（3）产量水平400~500千克/亩。亩用"郁乌金"25-8-10（含氯）复混肥30千克作底肥，大喇叭口期亩追施尿素8~10千克。施肥方式：在离植株10~15厘米处打窝施肥，施肥后覆土。

4. 推广模式

2018—2020年，为更好地推广增效产品，通过以点带面，在涪陵区双河镇建立试验示范，做给农民看，带着农民干；召开"三会"（观摩会、培训会、订货会），现场讲解肥料真假辨识、施肥技巧、土壤调理、高产玉米栽培管理、玉米病害防控等技术宣传，推广功能增效产品和技术落地；集市宣传，通过乡镇赶集期间发放宣传单页和现场讲解肥料使用技术，引导农民科学种植；田间指导，通过400服务热线和玉米种植期间田间走访，及时解决种植中出现的问题。

5. 效益分析

对增效复合肥应用于玉米田间的经济性进行了测算结果分析，施用增效复合肥可减少化肥使用量10%以上，玉米亩增产7.8%以上，亩投入增加10元（聚谷氨酸和中微量元素添加成本），亩增效71.5元以上，增收率8.18%（表1）。

表1　中化涪陵功能型复合肥施用测产记录

示范地点：涪陵区双河镇　　　玉米品种：中单808　　　测产时间：2019年8月16日

	项目	示范田	对照田		项目	示范田	对照田
栽培情况	种子　密度（株/亩）	3 000	3 000	现场测产情况	采收面积（米²）	30	30
	种子　价格（元/亩）	38	38		实收重量（千克）	27.28	25.31
	用肥（元/亩）	150	130		折算亩产（千克）	606.4	562.6
	追肥（元/亩）	20	30	经济产出	市场价格（元/千克）	1.86	
	用药（元/亩）	25	25		每亩产值（元）	1 127.9	1 046.4
成本核算	每亩投入（元）	195	185		增收率（%）	+8.18	—

基于"减灾避害"的江汉平原"籽粒+青贮+绿肥"玉米清洁种植技术模式

一、技术概况

受气候变化和种植结构调整的影响，长江中游作物种植类型和面积波动较大，如水稻种植面积逐年下降，玉米种植面积逐年上升。基于热量和自然降水两方面考虑，通过搭配生育期较长的籽粒玉米和生育期较短的青贮玉米，同时在冬季播种适宜的绿肥品种、第二年春季适时翻压，则可以在江汉平原同时实现两季玉米种植栽培、用地养地的可持续模式。

江汉平原春季倒春寒和夏季伏旱频发导致对玉米栽培技术要求高、茬口安排紧凑，故"饲料+青贮+绿肥"栽培技术模式在实际生产中栽培面积并无扩大。倒春寒是长江中游普遍存在的天气状况，在实际操作中通过覆盖地膜的办法解决前期低温、后期干旱的问题，但地膜会造成塑料污染严重；伏旱是长江中游地区（江汉平原）常见的气候，在灌溉受限的条件下，伏旱天气会导致极高的地表温度和极低的空气湿度，会使种子发芽受限，导致第二季作物无法栽培。因此通过选择适宜的品种和调整播期，准确把握种植时间、最大限度利用自然降水、杜绝使用地膜、利用前季作物秸秆覆盖保蓄水分，同时通过秋冬季节播种绿肥提高土壤肥力、减少化肥使用。

二、技术要点

基于气候环境的特点，本技术要求春季种植的籽粒玉米生育期（从播种到收获）不高于130天、秋季青贮玉米不高于100天，绿肥以冬播、春季生物量较高、易腐烂的品种为主。基于以上要求，春籽粒玉米选择郑单958、先玉335等，秋青贮以雅玉8号、澳玉5102等，绿肥品种以苕子单播（毛叶或光叶）、苕子与肥田萝卜混播等均可。

玉米种子以包衣种子为主，可包衣常用杀虫剂（克百威、噻虫嗪等）、杀菌剂（戊唑醇、咯菌腈、精甲霜灵等），也可包衣促根剂（生根粉等）。播种或移栽前10~15天，对绿肥进行翻压，翻压后等塌陷一段时间后再旋耕平整土地一次。在早晚气温稍高的江汉平原偏南地区（荆州、枝江、潜江、仙桃、咸宁等区域），可采用直播方式栽培；江汉平原偏北（荆门、天门、武汉等）可通过移栽方式播种。

直播方式：3月10—15日翻压绿肥，翻压后10~15天，开厢240厘米，厢宽200厘米、沟宽40厘米、沟深20~25厘米，厢面平整后塌陷1~2天施肥，并于清明节前进行第一季籽粒春玉米播种。

移栽方式：玉米可在3月下旬（25—30日）进行苗圃育苗，苗期可不施肥，同时在清明节前翻压绿肥，翻压后10天左右，开厢240厘米，厢宽200厘米、沟宽40厘米、沟深20~25厘米，厢面平整后塌陷1~2天后在厢面开沟施肥，每厢开两个肥料沟（沟深5~8厘米）施肥，在肥料沟两边点播或移栽第一季籽粒春玉米。第一季籽粒玉米于7月25日至8月1日收获，收获后在原肥料沟开沟施肥，在原玉米株间点播秋季玉米，原玉米秆顺厢体覆盖厢上，起到降低土壤温度、保持土壤水分作用。第二季玉米在

10月底以前收储。受梅雨季节影响，第一季玉米水分管理以排水为主，故要留好排水沟、厢间深挖田内怕水毛渠；第二季玉米以抗旱为主，故需要根据旱情适时进行灌溉。第二季玉米收获后可以在厢面撒播绿肥种子、也可翻耕凭证后再撒播绿肥种子。

施肥：开厢后在厢沟内均匀施肥，一次性施用玉米专用控释掺混肥（15：15：15或18：18：18复合肥、普通尿素、控释期为60天的控释尿素按比例混合，混合后的掺混肥每亩施用养分为N：P_2O_5：K_2O=17.5：6.0：6.0，其中控释氮肥占总氮肥40%～50%）。

除草：播种后一周内根据天气状况（避开降雨）及时喷施封闭除草剂，一般可用乙·莠·滴辛酯（每亩200～250毫升，兑水45～60千克），或用乙草胺（每亩100～150毫升，兑水45～60千克），或用异丙草·莠（每亩200～250毫升，兑水30～45千克）等进行。杂草2叶1心时一般用硝·烟·莠去津（每亩150～200毫升，兑水45～60千克）；烟嘧·莠去津（每亩80～100毫升，兑水45～60千克）；硝磺草酮（每亩70～100毫升，兑水45～60千克）；禾本科杂草1～3叶期，硝磺·莠去津（每亩200～350毫升，兑水15～30千克）等进行茎叶喷雾防治。土壤表面喷雾，切忌漏喷或重喷，茎叶喷雾时请避免雾滴飘移至邻近作物田，以免药效不好或发生局部药害。另外，注意不要在雨前或有风天气进行喷药。剩余药剂和清洗药具所产生的废水切不可倾入湖泊河川及其他水源，应妥善处理。

防病：抗病品种为基础，农业防治为主，化学防治为辅，预防为主、综合防治的措施。

茎基腐病：采用种衣剂包衣，播前按药种比1：（50～100）进行种子包衣，精甲·戊·嘧菌100～300毫升/100千克种子进行种子包衣；萎锈·福美双200～300毫升/100千克种子拌种；精甲·咯·嘧菌100～300毫升/100千克种子进行种子包衣；精甲·咯菌腈药种比1：（667～1 000）种子进行种子包衣；噻虫·咯·霜灵300～450毫升/100千克种子进行种子包衣，自然晾干后即可播种，配制好的药液应在24小时内使用。

散黑穗，丝黑穗病：采用种衣剂包衣或药剂拌种，播前按药种比1：（50～100）进行种子包衣，精甲·戊·嘧菌100～300毫升/100千克种子进行种子包衣；萎锈·福美双药种比1：（200～250）进行药剂拌种；戊唑醇100～200毫升/100千克种子进行种子包衣；戊唑·福美双药种比1：（40～50）进行种子包衣；三唑酮药种比1：（167～250）拌种；自然晾干后即可播种。配制好的药液应在24小时内使用。

大、小斑病：发病初期，采用肟菌·戊唑醇40～50毫升/亩叶面喷雾，间隔7～10天1次，连续使用1～2次；丙环·嘧菌酯50～70毫升/亩叶面喷雾，间隔7～10天1次，连续使用1～2次；唑醚·氟酰胺16～24毫升/亩叶面喷雾，间隔7～10天1次，连续使用2～3次。对玉米大小斑病有较好的防治效果。

纹枯病：发病初期采用井冈霉素16～24毫升/亩叶面喷雾，间隔7～10天1次，连续使用2～3次。可有效防治纹枯病的再侵染。

防虫：以种植抗耐病品种和健身栽培为基础，采取生态控制、物理诱杀防治、生物防治与化学防治相结合的防治策略。

蚜虫、灰飞虱：播种前播前按药种比1：（50～100），采用噻虫嗪200～600毫升/100千克种子药剂拌种或种子包衣；噻虫·咯·霜灵300～450毫升/100千克种子包衣。自然晾干后即可播种，配制好的药液应在24小时内使用。

玉米螟：在玉米螟卵孵盛期至低龄幼虫发生盛期，采用球孢白僵菌100～120毫升/亩喷雾防治；辛硫磷300～750克/亩、苏云金杆菌100～200克/亩与细沙拌匀后喇叭口处均匀撒施，使用时注意避免飘移到邻近作物，以免发生药害。乙酰甲胺磷120～240毫升/亩玉米螟在卵孵化盛期均匀喷雾。防玉米黏虫在卵孵盛期或幼虫3龄前均匀喷雾。松毛虫赤眼蜂2～3袋/亩挂放蜂袋放蜂。高温天气、大风或预计1小时内降雨请勿施药，宜在16：00后或阴天施药。

草地贪夜蛾：采取采取理化诱控、生物生态控制、应急化学防治等综合措施，强化统防统治和联防联控，及时控制害虫扩散危害。采用白僵菌45～60克/亩、绿僵菌、核型多角体病毒（NPV）、苏云金杆菌（Bt）等生物制剂早期预防幼虫，充分保护利用夜蛾黑卵蜂、螟黄赤眼蜂、蠋蝽等天敌，对虫口密度高、集中连片发生区域，抓住幼虫低龄期实施统防统治和联防联控。采用乙基甲氨基阿维菌素苯甲酸盐、多杀菌素、乙酰甲胺磷、氯虫苯甲酰胺等高效低风险农药交替使用。

化学防控：为了防倒伏，可在小喇叭口期喷施矮壮素进行调控，以防玉米过高倒伏。

三、适宜区域

该技术模式适用于长江中游江汉平原地区，该区域最明显的气候特点是旱涝急转。春季升温快但倒春寒频发、梅雨季节均温较低、初夏农田要注意排水；梅雨季节结束后伏旱天气时间长、旱情严重。本技术在传统栽培的技术基础上，通过品种和播期搭配，避开第一季苗期前期低温冻害、开沟排水防止涝灾；在梅雨季节结束后及时收获，并通过第一季秸秆覆盖措施最大限度保留土壤水分，为第二季发芽、苗期需水和降温起到一定作用。

四、效益分析

本技术中主要的基本增效技术点为：减少农膜、减少化肥、减少用工、增加产量。较传统春玉米种植而言，每亩节省地膜投入150元、单季肥料减施15%～20%（节省50元左右）、单季施肥人工减少2次（120元/次）、单季产量亩增加50千克（50元左右），年度亩增收830元；控释肥成本单季增加100元左右，年度增加200元左右，即每亩增加纯收入630元左右。同时，本技术中杜绝使用地膜，具有明显的生态环境效益。

五、注意事项

地力要求中等、地势稍高便于排水、交通方便，便于青贮玉米运输；第二季玉米因秸秆覆盖原因，对机械化开沟施肥、播种要求较高；掺混控释肥需要专业人员配送。

六、技术依托单位

单位名称：湖北省农业科学院植保土肥研究所

联系人：徐祥玉

电子邮箱：xuxiangyu2004@sina.com

四川盆地青贮春玉米宽带套作大豆轻简绿色高效技术模式

一、技术概况

玉米已成为我国第一大粮食作物,年均种植面积达到4 112万公顷,西南丘陵地区是我国玉米生产的主要产区之一,播种面积约占全国15%。由于种植环境特殊（以丘陵山区为主）,玉米生长季雨热同期,水、土、肥流失严重,所以区内普遍存在玉米生产效率和经济效益低、肥料综合利用率低、土壤健康状况下降、田间配置效率差、劳动力不足和机械化难度大等问题。

针对上述问题,本技术模式整合禾本科作物与豆科作物间套作在产量、生物防控及减少对栽培环境的负面影响等方面的优势,创新采用"玉米青贮—宽带宜机—早收增豆—过腹还田"为关键环节的种养循环模式,通过扩大套作带宽实现丘陵地区套作玉米机播机收,结合品种选择、适墒早播、增密优配、化肥农药减施、玉米青贮早收、大豆边际增优、秸秆过腹还田等关键技术,集成了春玉米宽带套作大豆轻简绿色高效技术模式。在保证套作综合产量增加10%～30%的基础上,能有效改良土壤结构和通气透水性能,提高土壤有机质20%以上,减少化肥用量30%～50%,减少农药用量10%～15%,同时能有效降低农业面源污染,提升耕地质量,建立多作物—多层次—多功能的立体农业间套作模式,促进土壤健康可持续耕种和农业绿色可持续发展。

二、技术要点

1. 种养结合,减肥控污

健康无病害青贮春玉米秸秆经过窖藏发酵等工艺后,作为畜禽饲料进入养殖业系统,因其青绿多汁、适口性好、营养价值高、消化率高和耐贮存等优点而应用广泛。青贮春玉米过腹产生的畜粪每吨所含氮、磷、钾相当于25千克碳铵、20千克过磷酸钙和5千克氯化钾化肥（以常温烘干牛粪计算）。同时,这些畜粪返回土壤后,有利于改良土壤结构,可提高土壤有机质20%～40%,减少化肥用量30%～50%,同时可有效减少农业面源污染。因此,青贮春玉米和大豆单周期套作结束并收获完毕后,可在土壤冬闲时进行合格畜粪还田（合格畜粪指畜粪经过深发酵处理并检验合格,可利用生物菌种自身发酵,减少刺鼻气味逸散）,还田量800～1 200千克/亩,实际施用时需根据发酵后还田时的畜粪含水量折算。使用有机肥还田专用抛撒机械将合格畜粪运送进地,均匀旋撒施肥,并旋耕整地,冬季休耕。

以套作大豆亩产150千克和青贮春玉米亩产3 000千克为目标产量,结合区域气候特点和土壤类型,建议施肥方案:结合机播侧深施用玉米专用复合肥30千克/亩（总养分≥45%,$N：P_2O_5：K_2O=15：15：15$）,大喇叭口期不追施。大豆播种时不施底肥,若豆苗长势好,叶色嫩绿,则不施提苗肥;若豆苗长势较弱,叶色出现淡黄趋势,则施尿素4～5千克/亩提苗。对于土壤瘠薄、苗期豆苗长势较差的地块,大豆开花后,可在初花期施尿素3～4千克/亩保花增荚。

2. 宽带套作，边际增优

套作种植模式的周年光利用效率、周年有效积温利用率、周年降水利用率均高于单作模式，同时能增加土壤微生物数量和种类，提高土壤酶活性，土壤碳库活度指数和碳库管理指数，固碳效率更高。青贮春玉米适播期，旋耕机翻耕整地时，耕作深度15～20厘米，使土表细碎、平整，同时用划线器画出播种带幅。为满足机械化操作要求，扩展传统带宽为"双五〇"套作模式，即青贮春玉米大豆带宽比1.7米∶1.7米，幅宽3.4米，青贮春玉米带种植4行，单株等行距，行距40厘米（图1）。选择4行施肥播种机，在土壤墒情适宜的晴天进行精量播种，亩播种量2～2.5千克，播种深度4～6厘米，保苗3 000～3 500株/亩。大豆带种植4行，行距40厘米，保苗6 000～7 000株/亩；第二年种植时，在头年玉米种植区种植大豆，大豆种植区种植玉米，两种作物种植带轮换，实现轮作。

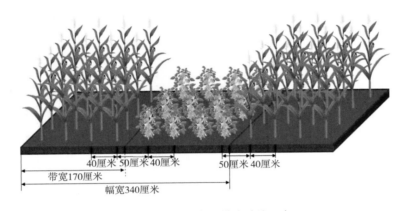

图1　玉豆宽带套作模式种植示意

3. 选用良种，适墒机播

选用适合间套作和种植区气候的青贮春玉米和夏大豆品种。青贮春玉米宜选择适合机械化生产、耐旱耐密抗倒伏的中早熟品种（如青贮专用型：雅玉青贮8号、雅玉青贮26；粮饲兼用型：荃玉9号、荣玉99、仲玉3号、中单901）；夏大豆品种宜选用耐阴性好、抗倒力强、品质优、产量高的中晚熟品种（如南夏豆25、南豆12）。

青贮春玉米播种时间以确保抽穗扬花期避开高温伏旱季为原则，适播期以5厘米地温稳定超过10℃为标准，因地制宜选2BJD-4等型号精量玉米直播机、2BQ-4型气吸式玉米精播机，集播种、施肥等工序一次完成，以中型拖拉机为动力（有利于调头），适宜播深3～5厘米，行距40厘米，工作效率30～35亩/天；套作大豆选用2行小型播种机，行距40厘米，工作效率20～25亩/天，于最佳播期6月上旬播种。

4. 减量施药，精准植保

玉米—大豆套作较玉米净作更有利于减少病虫害，青贮春玉米播种后一般不除草，如需要锄草宜选择苗期专用除草剂，减量30%加助剂进行苗期施用；根据病虫害预测预报和发生情况，选择适宜药剂，选择晴天用喷药机械进行机械化植保作业，玉米喇叭口期，用5%甲维盐颗粒剂10g/亩兑水灌心防治夜蛾类害虫。

大豆除草选用专用除草剂（如盖草能、高锄等），大豆主要病害是根腐病，虫害是豆秆黑潜蝇、蚜虫、豆荚螟等，对大豆产量影响较大。可在大豆幼苗期用甲霜·锰锌400～500倍液雾状喷施豆苗根部以防治根腐病。采用黏虫板+防虫灯对害虫进行绿色防控，辅助溴氰菊酯（敌杀死）与吡虫啉800～1 200倍混合雾状喷施防控豆秆黑潜蝇、蚜虫、豆荚螟等害虫。另外，大豆幼苗期由于高温高湿且有玉米荫蔽，易发生徒长易倒伏等问题，可在2～3叶期及分枝期用烯效唑（优康）1 200～1 500倍液雾状喷施豆苗（视共生情况选择使用），利于大豆壮苗、防倒、控旺、增产。

5. 玉米青贮，早收增豆

青贮春玉米一般7月上旬收获（玉米灌浆后期至蜡熟初期，较成熟收获期提前约20天），这时水分含量在65%～75%，有利于缩短与大豆苗共生期，增加大豆边际优势，显著提高大豆产量。选择玉米青贮收割机将玉米全株收割切碎，及时运至青贮地点（防止细胞呼吸及物料氧化造成营养损失），装窖、压实、排气并进行厌氧发酵。大豆柄全部脱落，豆荚变褐或变黑，摇动豆秆发出响声时，表明大豆进入完熟期，选择晴天，使用久保田、沃得多功能收获机及时机收晾晒，确保大豆质量。

三、适宜区域

本技术适宜在西南山地玉米主产区，尤其是丘陵开阔地带、农牧业交错区及类似生态区进行推广。由于西南山地丘陵区人地矛盾突出，农业环境污染和食品安全生产矛盾突出，如何利用有限的耕地资源提高粮食产量和实现食品多元化，降低化肥和农药用量，实现农业绿色可持续发展，已成为区域亟待解决的问题。

四、应用前景

本技术模式通过合理套作，推广机械化生产技术，提高单位面积土壤利用效率，通过合理循环利用农业副产物保护土壤结构和质量、提高土壤生产力，在保证综合套作产量的基础上，减轻对环境的负面影响，实现农业的轻简可持续化发展，在西南低山丘陵地区，具有广泛的应用和发展前景。

五、注意事项

精量单株机播要求种子发芽率≥96%；选用农业机械需因地制宜，注意玉米青贮收割机间距；把控玉米青贮收割时间与青贮技术；玉米机播时采用专用种衣剂进行播前包衣。

六、技术依托单位

单位1：中国科学院·水利部成都山地灾害与环境研究所

联系地址：四川省成都市武侯区人民南路四段9号

联系人：况福虹、朱波、唐家良

电子邮箱：kuangfuh@imde.ac.cn

单位2：南充市农业科学院

联系地址：四川省南充市顺庆区农科巷137号

联系人：何川、蒲全波、杨云、郑祖平

电子邮箱：nchcyms@163.com

七、技术示范情况

该技术模式在四川省阆中市西充县进行了多年模式示范（图2），通过扩玉米带宽实现了套作玉米机播机收，集成良种筛选、适墒机播、扩带优配、化肥农药减施、秸秆过腹还田等关键技术研究，示范面积达13.6万亩。

套作模式利用农作物边际优势，降低病虫害发生率30%～50%，农药施药量可降10%～15%，套作青贮春玉米与单作青贮春玉米产量基本相当，共生期大幅减少，促成1亩地产出1.5亩地的收成，实现轮作倒茬，利于培肥地力。

玉米秸秆过腹还田，为养殖业提供饲料，延长了农业产业链，畜禽粪污同时作为种植业肥源，返馈于农田，可以改良土壤结构，在示范区平均提高土壤有机质36%，同时减少化肥用量约40%，显著降低了农业面源污染，有效提升了耕地质量。

实现良种良法配套、农机农艺结合、生产生态双赢，具有"高产出、可持续、机械化、低风险"优势，集种养结合、高效轮作和绿色高效于一体，既保粮食安全又保绿水青山，有利于促进农业绿色可持续发展。

图2 宽带套作青贮玉米早收增豆技术示范

青贮玉米化肥农药减施种植技术模式

一、技术概况

该技术模式集成青贮玉米品种选择+播前整地及培肥土壤+机械播种及一次性施肥+适时收获等技术，适宜于贵州省中高海拔青贮玉米种植区域。应用该技术既减少劳动力投入，又减少化肥农药投入，在保护土壤及环境可持续利用的前提下促进玉米增产、农民增收。应用该技术模式可实现玉米增产10%~15%，化肥农药减施10%~20%，减少劳动力投入3~4个，每亩节本增效240元以上。

二、技术要点

1. 品种选择

青贮玉米品种的选择，一要看市场需求，二要看生态条件，三要看品种特性。

贵州省自2016年起，开始设置青贮玉米品种的区域试验。经过几年的品种比较及大面积示范，金玉818、金玉908、黔青446、贵青1号、好玉4号等品种不仅产量高，且对大斑病、灰斑病、纹枯病、锈病、茎腐病有较强的抗性，适宜作为青贮玉米在贵州省进行推广。

2. 整地及培肥土壤

（1）整地。为了使耕作层加深，改善耕层结构，建议有条件地区进行隔年或连年深翻、深松作业，以使耕作层突破20厘米，并逐年加深，以促进根系向下生长，增强玉米抗倒、抗旱、耐涝能力及对养分的吸收利用能力。对于要进行机械播种的地块，耕作质量要达到更高标准，即地表要平坦、无明显起伏、土块应细碎，耕层内直径大于4厘米的土块不超过5%。

（2）增施有机肥。绿肥还田，贵州省常见的绿肥有黑麦草、紫花苜蓿、光叶苕子、箭舌豌豆、肥田萝卜、油菜等。种植绿肥可以采用与玉米间套的方式，在玉米播种前进行刈割翻压。增施粪肥，播前每亩增施腐熟的粪肥1 000~2 000千克。增施商品有机肥。

为了减少劳动环节，节约劳动成本，同时配合机械播种，可以将粪肥、商品有机肥撒施于地表后再翻耕入土，如能配合深翻深耕则效果更好。绿肥也可以机械或人工刈割后、利用机械粉碎翻压入土。

3. 播种

（1）合理密植。播种前首先应确定适宜的播种密度。目前在贵州省推荐的青贮玉米净种密度为每亩4 500株左右。对于抗倒性强、耐密性强的品种还可适当增加至每亩5 000株左右。确定密度还应考虑土壤的肥力问题。在肥力高地块，因为养分充足，可以适当密植，反之则相反。此外，在光照充足、通风透光条件好的地块可以适当密植；反之，在阴雨寡照、通风透光条件差的地块则应适当降低密度。

（2）种子准备。应购买经过精选、分级、包衣的符合国家质量标准的种子。对于未包衣的种子，应进行种子精选，去杂、去病虫、去破碎、并且去掉过大过小的种子。包衣或拌种的药剂应针对当地常发病虫害及播种时的气象条件进行选择。如播种时土壤温度较高、墒情充足，预计一周内可以出苗，且地下害虫较多的，可以选用杀虫剂进行包衣或拌种，因为多数杀虫剂在土壤中的药效在一周后显著降低，预期出苗时间长或地下害虫不严重的并不建议使用杀虫剂进行包衣或拌种。

（3）播种方式。一般有人工直播、机械播种、育苗移栽等（图1至图7）。在播种时，种肥应与种子相距5厘米以上，以免烧苗；播种深度应控制在4~6厘米，春旱严重地区适当深播。

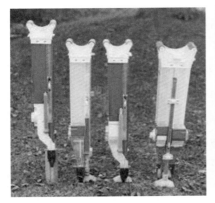
图1　便携式玉米施肥播种器

图2　手推顶箱齿轮式施肥播种器

图3　单行播种机

图4　双行播种机

图5　2BYM-2型玉米精量施肥播种机

图6　2BYJLS-2型玉米精量
施肥播种机

图7　2BMZJ-4型玉米精量施肥播种机

①机械播种需要的耕地条件：对于2~4行的玉米种肥精量播种机，其作业宜在平地或缓坡地进行，一般坡度应在5°以下，以保证较高的播种质量。

②播种机的机型选择：目前适宜山区作业的玉米播种机械按照排种原理有勺轮式播种机、气吸式播种机、指夹式播种机。为了解决山地地表起伏较大、使播种深度不易控制的问题，建议采用带纺形装置的播种机。播种作业的标准是重播率≤8%，漏播率≤5%，粒距合格率≥90%。

③机械播种对肥料的选择：由于目前的播种机均为种肥一体机，因此播种前还应准备好种肥。近年在贵州省各地的试验示范结果均表明，在有机质相对丰富的土壤中，采用缓控释肥每亩施化学纯氮10～13千克，作种肥一次性施肥，较农户对照一底两追每亩施纯氮20千克，产量无显著差异。就青贮玉米而言，大口期后适量追氮或选用释放期更长的缓释肥则有增产效果。与人工播种不同的是，机械播种对化肥的性状有一定要求，建议采用表面滑爽、吸湿性弱的玉米缓控释肥。

④机械播种对种子质量的要求：因机械播种大多数为单粒播种，所以对种子质量有更高要求，除种子活力强、净度高外，种子大小的均匀性也很重要。

⑤机械播种对行株距配制的要求：如果在玉米出苗后要进行机械中耕除草的，设置行距时应考虑中耕机的作业幅宽；收获时如需使用对行作业的收割机的，还应使播种行距与收割行距相一致，如收割机可不对行作业则行距可灵活配置。

⑥播种深度及施肥深度的确定：玉米的机械播种深度与人工播种深度原则一致。设定播种深度的同时，还应设定施肥深度。施肥深度应大于15厘米，以促进玉米根系下扎，同时施肥铲与播种铲应左右相错5厘米左右，以避免种肥施在同一行内，造成烧苗。

⑦播种时机的选择：土壤含水量会严重影响机械播种速度及质量，所以机械播种时应以机械碾压后土壤不粘轮胎为准进行播种时机选择。

⑧播种速度确定：播种速度对播种质量也有显著影响，在目前贵州省地形及土壤质地、耕作质量及种子大小均匀性及播种机性能等因素限制下，建议播种速度应保持在每小时2 000～3 000米，过快易造成较大的漏播现象，并且播深均匀性也难以保证。

4. 田间管理

玉米播种出苗后，要及时查苗补苗，对地下害虫及时防治，以保全苗壮苗。需用除草剂进行除草的，应依据玉米苗龄及杂草大小及时喷施除草剂，可减少除草剂用量并达到较好的除草效果。

自2019年起，草地贪夜蛾在各地普遍发生。对虫害的防治，尽量在3龄之前进行，防效较好。化学药剂配合功能助剂可以实现减量增效的目标。如使用多元醇型非离子表面活性剂等功能助剂，可减施农药30%左右。

玉米生长期间，常发生大雨所致田间积水的情况，应及时做好排水工作，以减少病害发生及养分损失，保证化肥农药减施增效目标的实现。

对于青贮玉米，为保证较长的持绿期，建议在大口期视苗情追施尿素一次。

5. 收获

（1）青贮玉米收获时间。青贮玉米籽粒乳线达1/2～3/4，植株下部叶片大约有2层（3～4片）落黄时，植株干物质含量、水分含量及淀粉含量等综合指标较为合理，适宜收获。

（2）青贮玉米收获时留茬高度。一般推荐留茬高度大于20厘米，这样能够把木质化的部分留在田地里。

（3）青贮玉米的收割方式。有条件的地方建议进行机械收获。在山区应选择小型的2～3行的青贮收割机。购机时除要考虑其对地形的适应性、作业的安全性外，玉米秸秆的切割长度与籽粒的破碎程度是需要考虑的重要指标。

三、适宜区域

此技术适用于贵州省青贮玉米种植区域，尤其是中高海拔地区。对于机械化种植，适宜于缓坡地块或地势平坦的坝区。

四、效益分析

应用该技术模式可实现玉米增产10%～15%，化肥农药减施10%～20%，减少劳动力投入3～4个，每亩节本增效240元以上。

2019年9月与2020年9月，在贵州省大方县凤山乡羊岩村示范点，经专家组对青贮玉米产量进行现场实测，使用化肥减施技术模式，平均亩产青贮玉米4 144.7千克；较农户传统种植方式平均亩产3 492.7千克增产18.7%；平均每亩使用化学氮14.7千克，较农户传统使用化学氮21.1千克减施30.3%。按每吨青贮玉米售价400元计，每亩可为农户增收约260元；按每亩控释肥150元，而农户传统一底两追160元计，可节约化肥成本10元；机械化播种施肥每亩节约人工费100元，机械化青贮收获每吨节约人工费30元，每亩节约人工成本约200元。按适时除草防虫每亩减施农药10元计，使用新技术合计每亩可为农民节本增收470元。

五、注意事项

机械播种时，播种机的标注株距仅供参考。为保证田间出苗密度，在设置播种密度时应考虑播种机在山地作业时漏播率的问题。例如，当设定行距为0.7米，株距为0.15米，则设定密度为6 352株/亩。考虑山区地块在平整度、坡度等方面对播种质量的影响，按照漏播率15%～20%计，当种子发芽率达95%时，则出苗密度为4 827～5 129株/亩。再考虑到种子出苗率还受地下害虫及鸟害等的影响，一般实际出苗数应在4 500～5 000株/亩，这是在贵州省中高海拔地区地创建青贮玉米高产的合理密度。

六、技术依托单位

单位名称：贵州省农业科学院旱粮研究所

西南区青贮玉米饲草轮作种养循环技术模式

一、技术概况

据第一次全国污染源普查资料显示，农业源排放已远超过工业与生活源成为污染源之首，在农业源中畜禽养殖又成为主要排放源，特别是畜禽密集养殖区生态环境恶化问题尤为严重。另外，畜禽粪污经厌氧发酵处理后的沼液沼渣含有氮、磷、钾、纤维素、蛋白质、维生素等多种营养元素，可作为作物生长的肥料，实现化肥替代。此外，随着我国肉蛋奶等畜禽产品需求量的不断增加，养殖饲料粮需求量呈"刚性"增长态势。因此，国家积极倡导发展"粮改饲"战略，引导部分玉米产区向全株青贮玉米转变，在适合地区推广牧草，将单纯的粮仓变为"粮仓+奶罐+肉库"，将"粮—经"二元结构调整为"粮—经—饲"三元结构，形成农业发展新格局。

该技术模式利用沼液还田，轮作青贮玉米及多花黑麦草，一方面可有效利用养殖沼液等资源，减少作物生产的化学肥料投入，另一方面可实现优质饲草料的周年供给，构建种养循环、粮饲兼顾、农牧结合的新型农业生产结构。

二、技术要点

1. 品种选择

选择适宜在长江中下游及西南地区推广种植的国审、省审饲草品种，或达到我国标准要求的非转基因、符合进口标准的进口草种。要求品种耐密植，抗倒伏，抗病虫害，适宜机械化耕作、刈割利用，适宜沼液灌溉。

2. 土地选择及整理

土地选择：选择交通方便、已铺设或有条件铺设沼液灌溉管道、土壤pH值为5.3～7.8、排水良好、坡度小于10°的耕地。

整地：将土地整理平整，清除所有杂草、石块等杂物。

基肥：基肥以养殖场沼液为主，根据当季降雨情况，一般青贮玉米施沼液75～100米³/公顷，尿素225千克/公顷；多花黑麦草施沼液30～45米³/公顷，尿素150千克/公顷。

机械翻耕：采用机械翻耕，翻耕深度为25～30厘米，耕后耙平，土块尽量细碎。

3. 播种

播种时间：可根据饲草料需求情况配置各轮作牧草的播种时间及面积。一般在3月中旬至5月中旬，分批次播种青贮玉米，9月中旬至10月初，分批次播种多花黑麦草。

播种方式：青贮玉米采用机械条播，行距60～80厘米，株距20厘米；多花黑麦草人工条播或撒播，条播行距30厘米。

播种密度：青贮玉米播量为30~45千克/公顷；多花黑麦草播量为22.5~37.5千克/公顷。

4. 田间管理

定苗：青贮玉米在叶片数达到3~4片时，需要定苗，将弱苗、病苗、小苗去掉，一窝留1苗，75 000株/公顷左右为宜。多花黑麦草分蘖能力强，一般采用条播，不用定苗。

除杂草：青贮玉米在定苗后需要除杂草2~3次，一般采用玉米专用除草剂进行杂草防除。多花黑麦草幼苗定植后可抑制杂草生长，不需要特别防除。

5. 追肥

苗肥：苗肥以化肥尿素为主，在青贮玉米、多花黑麦草幼苗5~10厘米时，选择阴天傍晚或降雨前施入，一般青贮玉米条施或窝施150千克/公顷；多花黑麦草条施或撒施150千克/公顷。施肥时距离幼苗5~10厘米下肥。

追肥：在青贮玉米5~7叶时施入拔节肥，根据长势施尿素150~300千克/公顷，大喇叭期至青贮玉米雄穗抽出前，追施复合肥（NPK为20-10-10或20-10-5）300千克/公顷。多花黑麦草每次刈割后间隔1周，追施沼液30~45米³/公顷，并根据养殖场日粮需求选择性补施尿素150千克/公顷。

6. 病虫害防治

青贮玉米播前用毒死蜱进行封闭。早春注意防条螟，可用50%倍辛硫磷乳油，稀释500~800倍，喷施叶面；锈病，可用80%代森锌，稀释400~600倍，喷施叶面。多花黑麦草播前施入扫线宝、多菌灵等进行处理，出苗后一般病虫害较少，如有病虫害发生可及时刈割利用。

7. 刈割

刈割时期：青贮玉米一般在8月中下旬，乳熟期至蜡熟期，即籽粒淀粉线达到1/2时刈割。多花黑麦草一般在孕穗抽穗期刈割，一般可刈割3次，或者根据养殖场需求刈割鲜饲。

刈割利用：青贮玉米一般采用青贮玉米收割机刈割，留茬高度5~10厘米，揉丝、粉碎片段至2~3厘米，且籽粒破碎。刈割后用裹包机裹包青贮，或入窖青贮。多花黑麦草一般采用园林用背负式收割机刈割，以鲜饲为主。

8. 刈割后土地整理

青贮玉米收割后，喷施沼液、晾晒、旋耕，为多花黑麦草播种准备地块。多花黑麦草刈割后可补施尿素及沼液，以便下一茬草迅速补充，最后一次刈割后喷施沼液、晾晒、旋耕，准备青贮玉米播种。

9. 图片资料

以该技术模式为核心内容的"优质高产饲草新品种选育及绿色增效生产技术应用"获得2019年度四川省科学技术进步奖二等奖，相关情况见图1至图6。

四川省科学技术进步奖
证 书

为表彰四川省科学技术进步奖获得者，
特颁发此证书。

奖励类别：科技进步类
项目名称：优质高产饲草新品种选育及绿色增效生产
技术应用
奖励等级：二 等
获 奖 者：四川省农业科学院土壤肥料研究所

证书号：2019-J-2-38-D01

图1 获奖证书

图2 2016年11月30日示范基地多花黑麦草生长情况

图3 2020年5月22日示范基地青贮玉米生长情况　　　图4 2020年7月9日示范基地青贮玉米生长情况

图5 2019年8月11日种养结合循环农业模式交流会

图6 2020年7月10日肉牛饲草料周年保障技术现场会（供图人：许文志）

三、适宜区域

该模式适宜在我国西南区，中亚热带湿润气候，海拔2 000米以下，发展牛羊等草食畜牧业的区域推广应用。

四、效益分析

该模式主要用于利用沼液还田，轮作青贮玉米及多花黑麦草等优质饲草，为牛羊等草食畜禽养殖提供优质饲草的周年保障，同时资源化利用养殖场的粪肥。

2017年，该县被四川省农业厅确定为全省10个"粮改饲"示范县，全县青贮玉米种植面积3.2万亩，提供优质饲料13.5万吨，促进了奶牛产业持续发展，全县奶牛存栏4.18万头，年产鲜奶10.2万吨。同时，该模式全年消纳沼液肥料3万吨，减少肥料施用250吨，青贮玉米生产实现了绿色生产，全县通过发展青贮玉米产业实现增效增收4 000万元，带动农民人均增收210元以上。

五、注意事项

玉米品种需选择专用的青贮玉米品种，或者饲粮兼用型品种，要求品种耐密植、抗倒伏、抗病虫害、适宜机械化作业，目标产量达75 000千克/公顷以上。

青贮玉米需适时刈割，一般在乳熟期至蜡熟期，即籽粒淀粉线达到1/2时刈割。刈割过早则籽粒淀粉含量不够，秸秆含水量大，不宜青贮；过晚则秸秆营养物质损失较大，籽粒不宜破碎，影响青贮料品质。

沼液施用不宜过多，一般单次施用不超过150米³/公顷，周年不超过300米³/公顷。

六、技术依托单位

单位名称：四川省农业科学院土壤肥料研究所

联系地址：四川省成都市锦江区狮子山路4号

联系人：许文志、林超文、朱永群

电子邮箱：xuwenzhi_herb@126.com

重庆市青贮玉米化肥农药减施增效种植技术模式

一、技术概况

针对重庆市青贮饲料玉米化肥农药投入量大、倒伏风险大、产量和品质不高不稳的问题，筛选适宜的养分高效优质高产品种和新型缓控肥、高效安全农药新产品、选配轻便高效农业机械，融合科学密植、化肥一次性深施、全程机械化、沼液（渣）还田增效等技术，依托国家重点研发计划"化学肥料和农药减施增效综合技术研发"专项子课题，优化集成重庆市青贮饲料玉米化肥农药减施增效技术模式，从而达到减施化肥、农药用量，节省劳力、改善农业生态环境、提高农产品质量安全的目的。应用该技术模式可实现青贮玉米增产10%以上，化肥农药减施20%～30%，每亩节本增效300元以上。

二、技术要点

1. 施肥技术方案

（1）化肥减施方式。

①利用缓（控）肥养分释放慢、流失少的特性实现化肥减施：选用符合《缓释肥料》（GB/T 23348—2009）、《脲醛缓释肥料》（HG/T 4137—2010）标准的缓/控释复合肥、脲醛缓/控释肥，按纯N、P_2O_5、K_2O亩用量分别18～20千克、5～8千克、8～10千克进行常规施肥或一次性底施，可节省化肥用量和劳动成本。

②或者利用有机肥替代部分化肥实现节肥：企业或种植大户可选购符合《有机肥料》（NY 525—2019）标准的商品有机肥，有条件的可充分利用畜禽养殖场的畜禽粪便进行堆沤腐熟施用，或直接利用沼液浇灌。此外，农户还可利用作物秸秆、残枝败叶等进行堆沤腐熟施用。使用有机肥既可减少化学污染，还能改善土壤理化特性。

（2）化肥减施技术措施。

①常规施肥技术：缓/控释性肥料为底肥（以常规底肥总氮减施20%），追肥为速效化肥，具体追肥施用按常规进行。

②一次性施肥技术：播种时，以缓/控释性肥料为主（亩用纯氮为16～18千克），适量添加尿素5千克/亩或天脊牌硝酸磷肥5千克/亩混合作一次性底肥施用，其后不再追肥。施于距种子（苗）15厘米处，深度10～15厘米。机播则施肥、机播、覆膜同步进行，播后浇水或等雨出苗。目前推荐沃夫特、百事达、史丹利等缓控释肥、万植有机无机复合肥等。

③沼液替代化肥减施技术：在畜禽养殖沼液充足区域，利用沼液替代化肥，不仅有利于青贮玉米绿色生产，同时可以有效消减养殖废弃物，降低环境污染，实现环境友好。按照青贮玉米需肥特点、栽培抗倒性考虑，一般沼液基肥施用量5～10吨/亩（根据土壤肥力情况确定施用量），超过此用量，植株抗倒性明显下降；追肥1～2次，每次控制在1.0～1.5吨/亩（或者总追施纯氮5～8千克/亩）。

固体有机肥应在耕地前全田均匀撒施500～1 000千克，随后翻耕入土，或打窝施入穴内翻窝后播种。液态有机肥可在播种时灌窝。施有机肥时同时一次性亩施化肥（纯N 10千克，P_2O_5 6千克，K_2O 8千克左右）。其后根据苗情适量追施尿素提苗。

2. 节药技术方案

（1）节药方式。

①采用新型高效低毒低残留农药：推荐具备病虫害前移防控的新农药，如丙环唑·嘧菌酯、吡唑醚菌酯、嘧菌酯、氯虫苯甲酰胺（康宽）、氯虫·噻虫嗪（福戈）等。推广生物农药应用，如Bt、阿维菌素、除虫菊酯、玉米螟性诱剂、棉铃虫性诱剂等。

②添加农药功能性助剂：添加功能助剂以提高防效，减少用药量20%～30%。如胺鲜酯（DA-6）等。

③采用高效喷药机械和沉降剂，减少农药施用量：规模化生产、统防统治，采用电动、遥控无人机等高效喷药设备，实现节药、节劳。

（2）用药注意事项。

①病虫防治：苗期用溴氰菊酯（敌杀死）800倍液喷施防治地下害虫。喇叭口期螟虫或黏虫超过5头/米²时用丙环唑·嘧菌酯、吡唑醚菌酯、嘧菌酯等杀菌剂与氯虫苯甲酰胺（康宽）、氯虫·噻虫嗪（福戈）等高效杀虫剂配合防治，若虫口密度较小则不需喷药，以免影响饲料安全。扬花后若有蚜虫为害，应选用相应生物农药进行防治。

②草害防治：分苗前和苗后除草，使用符合《除草剂安全使用技术规范 通则》（NY/T 1997—2011）。苗前除草剂用广谱性封闭除草，如草甘膦、酰胺类的乙草胺、精异丙甲草胺，三氮苯类的莠去津等；若苗后土块难于耕除的杂草较多，如空心莲子草（俗称革命草）、香附子等，可及时喷施对玉米苗无害的选择性除草剂（爱玉优等）实施苗后除草，对触杀性除草剂要谨慎使用，以免伤玉米苗。

三、适宜区域

本技术适用于重庆市及周边区域土壤肥力中等及以上的青贮玉米种植生产（图1）。

图1 青贮玉米田间长势

四、效益分析

经2019—2020年示范测产，传统种植模式按亩施氮肥20千克计，复合肥"腾升"加尿素成本约260元，施肥按一底一追计，每亩人工费约30元；缓释肥"沃夫特"减氮20%施用计，亩成本240元，人工费15元，粉碎秸秆价格以590元/吨计。测产结果为：缓释肥减施一次性施肥技术比传统技术每亩增产12.5%、增效317元/亩（增率17.8%）。以沼液替代50%氮肥情况下，增效更明显，约亩增437元，增率约24.5%。

五、注意事项

一是沼液施用宜在耕地前浇灌，使用量不宜太多，一般5~8吨即可，过多会增加倒伏（折）风险。

二是亩植密度宜在4 000~4 500株为宜。

六、技术依托单位

单位名称：重庆市农业科学院

联系人：蒋志成、周茂林

电子邮箱：522786736@qq.com；155256982@qq.com

福建省鲜食玉米双减栽培及秸秆青贮增效技术

一、技术概况

随着鲜食玉米经济效益的显现，近年来，福建省鲜食玉米种植面积逐年增加，目前种植面积已经突破80万亩。但是，大部分种植区的种植模式都是大量的不科学的使用化肥来追求产量，大量的使用农药来保证更高的果穗商品率，导致化肥农药的过度使用，既污染环境又浪费资源，通过采用商品有机肥替代化肥20%和高效农药配施增效剂的方式，可以减少化学农药使用量30%的双减栽培模式，对照区采用传统栽培模式，双减栽培模式比传统栽培模式亩产平均增产1.4%，降低成本，提高效益，同时，利用秸秆青贮技术将鲜食玉米秸秆做青贮饲料，进一步提高种植鲜食玉米的经济效益。应用该技术模式可实现玉米增产10%～15%，化肥农药减施20%～30%，减少劳动力投入2～3个，每亩节本增效300元以上。

二、技术要点

1. 品种选择

（1）鲜食玉米品种的选择，一要看市场需求，二要看生态条件，三要看品种特性。生产中一定要结合当地种植的，市场需求量大的鲜食玉米类型。

（2）选择适宜当地光温条件及土壤条件，尤其是对当地主要、常发病虫害有较强抗性的品种。

（3）东南省份选择品种还应考虑品种抗倒性等。福建省目前大面积种植的主要是泰系品种，这类型的品种耐密性差，抗倒性差，但是产量和品质以及对大斑病、灰斑病、纹枯病、锈病、茎腐病有较强的抗性，因此推广面积较大，2016年以来福建省农业科学院作物研究所选育出的系列甜玉米新品种，具有泰系的抗性优点，同时具有很好的耐密性、抗倒性、耐瘠薄性，目前逐步推广种植面积。

2. 整地及培肥土壤

耕地准备：耕地应该做到土层深厚，结构疏松通气，渗水保水保肥性好，酸碱度适中。应选择地势平坦、地面平整、肥力中上、地力均匀、排灌方便、位置适宜（不受建筑物、林木等遮阳影响）。一畦双行，畦带沟宽1.2米，畦间行距90厘米左右；畦内行距30厘米左右，株距视密度而定；亩施基肥40千克，注意地下害虫结合整地一起防治。

（1）增施有机肥。增施有机肥、培肥地力是减少化肥施用量、同时保证玉米产量的前提条件。

购买鸡粪、羊粪、食用菌渣等有机肥，可以增加土壤有机质，还可以提高土壤供氮能力、增加速效磷及速效钾的含量，并改善土壤质地。

（2）增施镁肥。福建省土壤普遍缺镁肥，因此在翻地后播前每亩增施镁肥50千克，能促进苗期玉米苗架的生长，提高玉米的抗性和产量。

（3）增施土壤改良剂。福建省土壤普遍偏酸性，因此在耕地时增施土壤改良剂，促进玉米正常生长，为后期产量提供保障。

（4）增施控释掺混肥。在种植时使用控释掺混肥（控释肥含氮量50%，释放期40天、60天和70天）加镁肥，用量为50千克/亩（26-12-13）即能取到双减栽培的目的。

3. 适期播种

春季应在5～10厘米地温稳定在10～12℃时播种。春季一般在3月中下旬到4月中旬播种，也可于3月初采用128孔基质穴盘育苗移栽，苗龄15～20天移栽，秋季一般选择7月中旬到8月底播种。

4. 合理密植

采用直播或者育苗进行种植，直播方式，每穴1～2粒，播深1.5厘米，密度控制在3 200株/亩，亩用种1～1.5千克，如果墒情不好的地块播种后需要灌水，需在种穴上人工盖沙壤土防板结。育苗移栽，每穴1株，密度控制在3 200株/亩，株距30厘米左右，亩用种0.8～1.2千克。

5. 田间管理

玉米全生育期灌水2～3次，依据土壤干旱情况，按照"两头少、中间多"的原则进行灌溉，尤其第一次灌水要浅灌。出苗后和第一次灌水后要及时中耕促长，3～5片叶时间定苗，间定苗的原则是除大、除小、留中间，保证全田幼苗均匀一致，结合中耕除草和灌水，使用控释肥，可以减少在8～9片叶时亩施尿素，在大喇叭口期（约12叶）亩施复合肥和尿素，只需要在授粉期亩施复合肥15千克和尿素15千克，减少肥料的使用，减少施肥人工投入，期间根据生长情况，适当追施微肥。

6. 病虫防治

（1）纹枯病。发病初期用2万单位井冈霉素300倍液或70%多菌灵可湿性粉剂700倍液进行防治，喷药时要重点喷果穗以下的茎叶。

（2）大斑病、小斑病。用73%百菌清粉剂500～800倍液或50%多菌灵500～1 000倍液或50%甲基硫菌灵可湿性粉剂500～800倍液喷雾防治，在心叶末期到抽丝期喷施，7天左右喷1次，连喷2～3次。

（3）南方锈病。发病初期用15%三唑酮可湿性粉剂1 500倍液喷雾防治，发病重时隔15天再喷1次。

（4）玉米螟。在大喇叭口期用辛硫磷颗粒剂人工丢心施药，或用1 000～1 500倍锐劲特或2%甲维盐800倍喷防2～3次。

（5）蚜虫。用抗蚜威或吡虫啉类1 000～2 000倍液进行喷雾防治，施药时要注意药剂的轮换使用，以免蚜虫产生抗药性而影响防治效果。

（6）草地贪夜蛾。甲氨基阿维菌素苯甲酸盐、茚虫威、四氯虫酰胺、氯虫苯甲酰胺、高效氯氟氰菊酯、氟氯氰菊酯、甲氰菊酯。同时，结合物理防治进行。

（7）茎腐病。用王铜、咯菌腈加吡唑醚菌酯加氟啶胺。

7. 注意事项

（1）低温冷（冻）害主要防救措施。

①适时播种，加强苗期管理：根据季节和品种选择播种时间，苗期尽可能避开寒潮。早春播种，最后用大棚下盖薄膜进行育苗，要做好苗期的保温工作，并进行低温炼苗，提高幼苗抗寒能力。

②覆盖地膜：采用地膜覆盖的方式，可起到良好的保温作用，同时覆盖地膜还有利于降低土壤蒸发，保持土壤湿润，提高土壤热比重，有利于稳定土壤温度，减缓土壤冷空气随外界气温下降而急速下降。

③中耕覆土：在冻前浅中耕，用碎土进行培土壅根，可使土壤疏松透气，促进土壤微生物活动，畦土松动后，可以较好地吸收和贮存太阳能，有利于提高土温，保护根部。

④灌水保温，喷水保湿：在低温霜冻来前1天，田间灌水，利用水的热比值高、降温慢等特点，缩小土表昼夜温度，稳定地温，改善田间小气候。灌水应浇足灌透，以畦面不留积水为度。也可在低温来前往植株表面喷水，可使其体温下降缓慢，而且在一定程度上可以增加大气中水蒸气含量，水汽凝结放热，可缓解冷冻害的危害。

⑤巧施肥料：在低温霜冻来临之前，追施1次农家厩肥，可减少土壤板结，促进根系活动，提高植株抗寒能力。在冷（冻）害过后，也可用爱多收或爱丰收等灌根，或用0.2%～0.5%的尿素液或0.3%的磷酸二氢钾液叶面喷洒。

（2）极端天气主要防救措施。

①排水、清沟：要及时疏通沟渠，排积水，及时排涝。

②扶起倒伏玉米：如有出现玉米倒伏现象，要及时扶起，并用竹竿和绳子等进行加固。

③中耕培土：暴雨常造成土壤板结和畦面土壤流失，因此在暴雨过后，应及时进行中耕培土，增加土壤的通透性，提高对土壤养分和水分的吸收能力，降低倒伏发生的可能性。

④根外追施：暴雨后，根系活动较弱，吸水吸肥能力均差。可用液体叶面肥或用0.3%磷酸二氢钾液加入0.2%尿素液进行根外追肥，迅速恢复生机。

⑤防治病害：暴雨过后，要及时进行病虫害的防治。

（3）干旱主要防救措施。

①合理灌溉：在易受旱害的田块，及时观察土壤含水情况，合理灌溉。在干旱发生时，采用喷灌、滴灌、浇灌、沟灌等灌溉方式，补给土壤水分。灌溉在早晚进行，夏旱时由于气温和地温高，要在白天地表温度上升前排干畦沟中的多余水分，采用沟灌时，最好灌"跑马水"，以免温湿度过大伤根。

②浅中耕灌溉：雨后或灌溉后，进行浅中耕，使土地表层为干松土壤所覆盖，形成一层稳定的空气层，破坏土壤毛细管的水分运动，减少下层土壤的水分蒸发。

③覆盖地膜：地膜对土壤水分有明显的阻留作用，利于保墒，土壤水分沿毛细管上升到土表之后，就在薄膜内层表面凝结，然后回流到土壤表层，也要防治地表温度过高灼伤根系。

8.鲜食玉米秸秆青贮利用

采摘鲜食玉米果穗后地上部植株，作为青贮原料的玉米秸秆。将青绿玉米秸秆置于密封的青贮设施中，在厌氧环境下进行的以乳酸菌为主导的发酵过程，导致酸度下降抑制微生物的存活，是青绿饲料得以长期保存的玉米秸秆加工方法。

鲜食玉米秸秆原料的品质，植株含水率75%～80%，干物质中粗蛋白质含量≥7%，中性洗涤纤维含量≤55%，酸性洗涤纤维含量≤29%，淀粉含量≥15%，宜达到《青贮玉米品质分级》（GB/T 25882—2010）规定的三级指标。鲜食玉米秸秆原料适宜收获期为鲜食玉米鲜穗采收后1～5天，收割时可见绿叶11片以上，雨天不宜收割。收获的鲜食玉米秸秆应及时切碎（图1），从原料收获到入窖，时间不得超过8小时，切碎长度为1～2厘米（图2），切碎作业不得带入泥土等杂物。原料装填时，要迅速、均一，与压实作业交替进行，用青贮密封包青贮时，用麻绳捆扎结实。原料压实后，体积缩小50%以上，密度达到650千克/米³以上。可以选择性使用抑制开窖有氧变质的添加剂，装填压实作业之后，立即密封（图3、图4）。

经常检查青贮设施密封性，及时补漏，顶部出现积水及时排除。青贮饲料密封贮藏成熟后，可开启取用，贮藏时间宜在30天以上。

图1　鲜食玉米秸秆集中粉碎

图2　秸秆粉碎切碎长度为1~2厘米

图3　秸秆密封打包机　　　　　　　　　　图4　青贮包裹

三、适宜区域

适宜福建省鲜食玉米种植区或类似区域。

四、效益分析

通过此项技术应用，2019年，在福建省鲜食玉米主产区永安千亩示范片，经专家组实测，在千亩示范片随机抽取3个地块，面积66.7米^{2}的样方进行了实测验收，地块一密度为3 212株/亩，鲜秸秆亩产1 685.5千克，对照鲜秸秆亩产1 651.3千克；地块二密度为3 450株/亩，鲜秸秆亩产1 614.9千克，对照亩产1 608.1千克；地块三密度为3 355株/亩，鲜秸秆亩产1 720.9千克，对照亩产1 688.6千克；平均亩产1 673.8千克，对照平均亩产1 649.3千克，双减栽培模式比传统栽培模式平均增产1.4%。取样烘干至恒重，测定平均含水量为77.6%，折合亩干重374.9千克和369.4千克，实现鲜食玉米增产2%，化肥农药减施20%~30%，减少劳动力投入2~3个，每亩节本增效300元以上。

五、注意事项

一是控释肥的采购与使用，应该采购正规厂家的玉米专用控释肥，同时，要根据土地实际地力条件调整施用的数量。

二是有机肥的使用，应该使用加工沤肥完全的有机肥，防止产生肥害。

三是农药增效剂的使用，应该根据鲜食玉米的不同生长事情进行适当的调整。

六、技术依托单位

单位名称：福建省农业科学院作物研究所

电子邮箱：ymfaas@163.com

"水果甜玉米—晚稻"水旱轮作绿色高值化栽培技术模式

一、技术概况

浙江人多地少，素有"七山一水二分田"之说，耕地资源紧张，农业生产面临着农民种粮收益低和保障粮食安全、过分依赖农药化肥和保护生态环境的矛盾。浙江省为促进节能减排、高效绿色农业发展，积极开展耕作制度改革创新。水果甜玉米收获后，秸秆全量机械还田，减少水稻病虫害的发生和化肥农药施用量，明显改善土壤结构，提高水稻和玉米的产量和品质，"水果甜玉米—水稻"水旱轮作模式经济、生态和社会效益显著，实现了亩产千斤粮万元钱的目标。

二、技术要点

1. 水果甜玉米绿色高值化栽培技术

（1）品种选择。选用品质好，植株高度适中，生育期短，可以生食的水果甜玉米品种，如雪甜7401（浙审玉2018003）、金银208（沪审玉2015009，浙引种〔2017〕第001号）等（图1）。

| A. 雪甜7401 | B. 金银208 |

图1　水果甜玉米品种

（2）适时播种，培育壮苗。一般在2月上中旬穴盘或营养钵育苗，若采用大、小拱棚等保温设施栽培，可适当提前育苗。加强苗床管理，注意冻害和高温烫伤苗，出苗前一定要保持苗床湿润，保证苗齐苗壮。出苗后控制浇水，防止徒长。苗龄在22～25天、3叶1心时进行移栽，移栽前3～5天进行揭膜炼苗（图2）。

图2　水果甜玉米育苗

（3）施足基肥，合理密植。整地前撒施农家有机肥15 000～30 000千克/公顷或商品生物有机肥3 000～6 000千克/公顷和三元复合肥（N：P：K为16：16：16，下同）600千克/公顷，深耕起畦，并盖好地膜，有条件的地区采用可降解地膜。每畦种植两行，移栽密度种植45 000～50 000株/公顷，移栽后浇定植水。

（4）加强田间管理，做好病虫害防治。苗成活后，在4～5叶时用75千克/公顷尿素溶于水浇施苗肥，在大喇叭口期（8～10叶）施用穗肥300千克/公顷尿素，施肥时可采用随水冲施的方法施入。视病虫害发生情况将杀虫剂（可选择氯虫苯甲酰胺、甲维盐、茚虫威、乙基多杀菌素和虫螨腈等为主要成分的药剂）和杀菌剂（可选择含嘧菌酯、吡唑醚菌酯、丙环唑为主要成分的药剂）混合一次性喷施，达到控制玉米螟、草地贪夜蛾和前移防治后期小斑病、纹枯病和南方锈病等病虫害的目的，特别是要注意防治草地贪夜蛾。水果甜玉米容易发生分蘖，要去除所有分蘖，生产上一般1株保留1个果穗，吐丝时及时进行疏穗。

（5）适时采收。在吐丝后20～25天采收，应结合外观做到分批采收，此时果穗花丝变深褐色，籽粒充分膨大饱满、色泽鲜亮，压挤时呈乳浆样，采收后宜摊放在阴凉通风处，尽快上市，以保证果穗品质和口感。

2. 鲜食玉米秸秆机械粉碎还田技术

鲜食玉米收获后进行玉米根茬粉碎还田作业时，要控制好土壤的干湿度。鲜食玉米根茬粉碎还田机械的深度控制在8～15厘米内为佳。鲜食玉米根茬的破碎率应高于90%，并将漏切率控制在3%以内，鲜食玉米根茬在粉碎之后其长度应在10厘米以内，并且要80%以上的根茬长度要小于5厘米，还应将长度大于5厘米的根茬量控制在根茬总量的10%以内。并且在完成鲜食玉米根茬粉碎还田作业后其破土率也要高于90%，并确保粉碎后的鲜食玉米根茬与破碎后的土壤实现了均匀地混拌，其中根茬混拌于土壤的覆盖率要高于80%，并且要保证其根茬碎片对土壤表面覆盖率要低于40%。

3. 水稻绿色高值化栽培技术

（1）选用良种。宜选择穗型较大、分蘖力中等、抗倒性较强、米质优良的籼粳型或粳型水稻品种，如甬优1540、甬优4550、甬优7850、浙粳96、嘉优中科10号等。

（2）施足基肥和整地。鲜食玉米采收后，秸秆粉碎全量还田，减少化学肥料用量，可以施碳酸氢铵300～375千克/公顷、三元复合肥225千克/公顷，耕、耙、耖整平田面，要求田面整平，按畦宽3～4米留好操作沟，开好田中"十"字形丰产沟和四周围沟。

（3）催芽播种。可以采用直播、抛秧或机插种植。为保证水稻安全齐穗，浙中地区一般应在6月28日前播种，播前最好将种子晒1～2天，以提高发芽率，然后用泥水或盐水选种，去杂去秕。一般杂交稻本田用种量12～20千克/公顷，常规稻本田用种量60～90千克/公顷，采用25%氰烯菌酯（亮地）2 000倍或咪鲜胺（使百克）1 500倍浸种36～48小时，清水淘洗后好气催芽。播时芽谷用35%丁硫克百威15克加10%吡虫啉20克混合均匀拌种，拌后马上播种，防虫防鸟，播后用铁铲或扫帚塌谷，有条件的可覆盖菜壳或麦芒。

（4）苗期管理。直播稻从播种到现青，土壤保持湿润，3叶前湿润管理，以旱为主，通气增氧促长根，3叶后建立浅水层促分蘖发生。2叶1心时，施好断奶肥，施尿素100～150千克/公顷，根据草害发生情况进行化学除草。在3～4叶期及时做好人工匀苗和补缺。

（5）大田管理。按照浅水护苗促分蘖，适时多次轻搁田，6叶前以浅水管理为主，促进分蘖早生快发。当田间苗数达到预期穗数的80%左右放水搁田（苗足时间早的要早搁），搁田采取多次搁的方法，并由轻到重搁，搁田程度，要求田边开细裂，田中不陷脚为度。在5~6叶期（分蘖）施复合肥90~150千克/公顷；在圆秆拔节期（倒三叶抽出时）亩施尿素75~120千克/公顷加钾肥120~150千克/公顷作穗肥；在始穗、齐穗期结合防病治虫，施用"喷施宝"等叶面肥1~2次进行根外施肥。重点防治好二化螟、稻纵卷叶螟、稻飞虱、纹枯病和稻曲病，具体防治意见可参照当地病虫情报及时用药防治。齐穗后实行间歇灌溉保持田土湿润，以达到养根保叶，防止断水过早，收割前一周停止灌水。

（6）适时收获。当水稻95%以上谷粒黄熟时进行机械收割，切忌收获过早，以免影响结实率、千粒重和稻米品质。

三、技术示范推广情况

2018—2019年，"水果甜玉米—水稻"水旱轮作绿色高值化栽培技术模式（图3）在浙江省嵊州、建德、东阳、温州、嘉兴等地广泛推广应用，面积超过3 000公顷。

水果甜玉米绿色高值化栽培技术

1月上旬至2月上旬 育苗、移栽

2月下旬至5月上旬 田间管理

5月中旬至6月上旬 收获

金银208 测量甜度17.1

雪甜1704 测量甜度18.8

鲜食玉米秸秆机械粉碎还田技术

6月上旬至6月下旬 秸秆机械还田

水稻绿色高值化栽培技术

6月中旬至7月上旬
育苗、移栽

7月下旬至11月下旬
田间管理

11月上旬
收获

图3 "水果甜玉米—晚稻"水旱轮作绿色高值化栽培技术模式简图

技术推广应用所取得的固碳减排、适应气候变化与防灾减灾等方面的增产增收和生态效益情况;"水果甜玉米—水稻"水旱轮作绿色高值化栽培技术模式化肥用量减少20%,施用次数由4次减为3次,农药用量减少20%,施药次数由3次减少为1次,节约种植成本200元,经济、生态和社会效益显著,实现了亩产千斤(1斤=500克)粮万元钱的目标。2018—2019年嵊州市过永华家庭农场水果甜玉米—晚稻种植情况和效益分析,2018年全年产值达到174 570元/公顷;2019年全年产值160 800元/公顷。该技术被浙江省农业农村厅列为2019年种植业主推技术,作为创新的农作制度向全省进行推广。

四、未来推广应用的适宜区域和前景预测

1. 技术适宜推广应用的区域

该技术模式适宜南方鲜食玉米产区。

2. 未来推广前景预测

水旱轮作技术是增加产量、改善品质,提高种植业经济效益和确保农业可持续发展的重要措施之一,具有良好的经济、社会和生态效益,在南方浙江、广东等地区获得广泛应用。2016年浙江省菜—稻水旱轮作种植面积超过5.84万公顷。在浙江省单季稻种植区推广"鲜食水果甜玉米—晚稻水旱轮作"绿色高值化栽培技术模式,达到千斤粮万元钱,被浙江省农业农村厅列为浙江省种植业主推技术,种植面积逐年扩大,仅2019年鲜食玉米—水稻轮作应用面积超2 000公顷。该技术具有较广阔的应用前景。

五、注意事项

品种一般选择适合当地种植和消费习惯的鲜食玉米品种，鲜食玉米吐丝至采收时间较短，吐丝后严禁用药，以确保鲜果穗质量和食用安全。

六、技术依托单位

单位名称1：浙江省农业科学院玉米与特色旱粮研究所
联系地址：浙江省金华市东阳市城东街道塘西
联系人：赵福成
电子邮箱：encliff@163.com

单位名称2：广东省农业科学院农业资源与环境研究所
联系地址：广州市天河区金颖路66号
联系人：徐培智
电子邮箱：pzxu007@163.com

"水稻—鲜食玉米" 轮作体系冬作玉米田除草剂减量技术模式

一、技术概况

在云南芒市水稻—鲜食玉米轮作种植模式下，芒市冬作玉米田由于土壤温度相对较低，因此通常使用白膜覆盖地表，并使用化学除草剂莠去津、乙草胺等除草单剂，杂草防除效果不佳，株防效仅为10%左右，鲜重防效仅为50%，且玉米田的杂草已出现了抗药性。在除草剂减量技术模式下，在冬作玉米田中覆盖黑膜，可有效防除冬作鲜食玉米田中的禾本、阔叶杂草，株防效达100%，鲜重防效达100%。若使用白膜覆盖，施用30%苯唑草酮+助剂多元醇型非离子表面活性剂和10%硝磺草酮+50%莠去津两种除草剂可有效防除冬作鲜食玉米田中的禾本、阔叶杂草，株防效达可达100%，鲜重防效可达100%。

二、技术要点

芒市广泛种植的冬作鲜食玉米品种多为双色之星、双色拉菲、双色先蜜等包衣种子。在水稻收割后，田块放水整地起垄，使用透光为10%的黑膜，可有效抑制杂草生长，同时可保障玉米生长的土壤积温，并且配套使用育苗移栽方式，鲜食玉米在2叶1心期进行移栽。若用白膜覆盖，在玉米生长到5叶期时，揭开地膜，施用30%苯唑草酮+助剂多元醇型非离子表面活性剂或10%硝磺草酮+50%莠去津两种除草剂可有效防除冬作鲜食玉米田中的禾本、阔叶杂草（图1至图4）。

图1　覆盖黑膜玉米田杂草（供图人：李铷）　　　图2　10%硝磺草酮+50%莠去津的田间防效
（供图人：李铷）

图3　施用乙草胺和白膜的田间杂草　　　　　　图4　不施用除草剂的白膜对照田中的杂草状况
（供图人：李铷）　　　　　　　　　　　　　　（供图人：李铷）

三、适宜区域

本技术适宜在南方冬作鲜食玉米田中应用推广，温度不低于6~7℃。

四、效益分析

芒市冬作玉米田通常使用白膜覆盖地表，通常使用化学除草剂莠去津、乙草胺等除草单剂。每亩的除草成本75元，但杂草防除效果不佳，株防效仅为10%左右，鲜重防效仅为50%。黑膜覆盖除草可有效防除冬作鲜食玉米田中的禾本、阔叶杂草，株防效达100%，鲜重防效达100%。达到了国家减除化学除草剂使用的要求。每亩除草成本为150元，但黑膜可重复使用至少3年，每亩除草成本降为50元。从除草成本来看，覆盖黑膜除草成本与传统除草技术相比，对杂草的株防效果提高了80%左右，鲜重防效提高了50%左右。从除草成本来看，覆盖黑膜除草可减少除草成本25~50元/亩。减少农药用量达95%左右。当前芒市风平镇冬季鲜食玉米6万多亩水稻后鲜食玉米的种植均已采用黑膜覆盖除草技术。

本试验还筛选到30%苯唑草酮+助剂多元醇型非离子表面活性剂和10%硝磺草酮+50%莠去津两种除草剂可有效防除冬作鲜食玉米田中的禾本、阔叶杂草，株防效达可达100%，鲜重防效可达100%。每亩除草成本在90元。

五、注意事项

在冬作鲜食玉米田中用黑膜覆盖除草时，应注意冬季土壤积温较低，可能会影响玉米的生长，造成轻微的减产，应选择具有一定透光率的黑膜（透光率达10%左右）。同时建议使用育苗移栽技术。

六、技术依托单位

单位名称：云南农业大学

联系地址：云南农业大学植物保护学院

联系人：李铷

第三篇

成套模式

山地玉米专用控释配方肥免追高效机械化施肥技术模式

一、技术概况

南方山地玉米是我国玉米生产的重要组成部分，也是我国玉米各主产区中生产投入较高和相对低产出的地区。由于特殊的气候，地形条件，以及化肥大量施用，造成资源环境压力，农业可持续发展面临巨大挑战。控释肥在提升玉米生产力，提高肥料利用率和降低活性氮损失方面具有显著效果，并具有良好的环境适应性。而合理的农艺管理措施并配套合适的农业机械实现机械化一次性施用，可在保证玉米高产和养分高效的同时，显著降低活性氮损失，同时节肥省工，减少种植管理环节，提高经济效益实现可持续玉米生产。

山地玉米专用控释配方肥机械化免追高效施肥技术是依据玉米的养分需求特征与控释肥的养分释放规律，采用高质量、低成本的控释肥料设计系列控释配方肥产品。根据目标产量和生育期降水量设计控释氮肥的比例、不同控释期的比例等。该技术的应用可协同提高作物生产的农学、经济与环境效益，为南方山地玉米产业的绿色可持续发展提供新思路与切实可行的参考策略。

二、技术要点

1.肥料设计及用量

（1）南方山地玉米专用控释配方肥设计。依据玉米的养分需求动态规律、基于南方山地玉米生育期、水分条件、土壤养分特征，采用高质量、低成本的控释肥料设计南方山地玉米专用控释配方肥系列产品。南方山地玉米专用控释配方肥的配方包括：总施肥量、氮磷钾养分配比、控释氮肥和速效氮肥比例、不同控释期的控释氮肥比例等。

（2）施肥量的确定。根据不同生产的目标产量确定南方山地玉米专用控释配方肥的用量。

（3）控释肥释放期的选择。肥养分的释放时间，以控释养分在25℃静水中浸提开始至达到80%的累积养分释放率所需的时间（天）来表示。根据各主产区生态条件、土壤肥力、玉米生育期和产量水平，南方山地地区要同时选用2个月和3个月的控释尿素配合使用。

（4）控释肥添加比例的确定。以产量水平和生育期降水（灌溉）量为控释肥添加比例的设计依据。生育期内降水（灌溉）量大于400毫米，控释氮肥占总氮肥比例为50%；生育期内降水（灌溉）量低于400毫米，控释氮肥占总氮肥比例为30%～40%。

2.机械选择及设定

（1）机具选择与使用。根据南方山地玉米土壤耕作与栽培技术、土壤条件等，选择具备可调节施肥量和施肥深度功能的相关机具，且符合《农林拖拉机和机械 安全技术要求 第3部分：拖拉机》（GB/T 15369—2004）、《施肥机械 试验方法 第1部分：全幅宽施肥机》（GB/T 20346.1—2006）、《施肥机械 试验方法 第2部分：行间施肥机》（GB/T 20346.2—2006）和《免耕施肥播种机》（GB/T 20865—

2017）等国家标准的规定。

（2）排肥器及用量设定。根据南方山地玉米专用控释配方肥产品的设计用量（千克/亩），准确调整排肥器，使施肥机械满足肥料施入量要求。

3．施肥作业流程

（1）施肥时间确定。种肥异位同播，待土壤墒情适宜时进行播种与施肥操作。

（2）施肥深度及种肥间距。肥料在种子侧下方，肥料施入深度8～10厘米，种子播深4～5厘米，肥料与种子水平间距10～15厘米。

（3）施肥作业。在机械选择、深度调试和施肥机械用量设定后，一次性将玉米专用控释配方肥结合玉米播种同时施入土壤。

（4）施肥质量检查。施肥开始阶段，除去施肥行表土，用尺子测量施肥深度是否符合要求，早发现早调整；施肥过程中，随机抽查测量不少于20个样点，合格率90%以上即通过。

三、适宜区域

本技术适宜在南方山地玉米主产区如四川、重庆、云南、贵州、湖北等地进行推广，能有效实现资源合理分配使用、保证作物高产高效、减少环境负面压力；该技术可在节省养分投入的同时大幅提高农民收入，并进一步减少劳动环节和劳动时间，增加潜在收益，实现农业可持续发展。

四、效益分析

1．稳粮保供与节本增收

多年多点的田间联网示范试验和7个百亩示范方连续2年示范应用的结果表明，南方山地玉米控释配方肥免追高效施肥技术平均亩产673千克，较普通农户田间管理增产12.0%；平均每亩总养分投入23.6千克，较普通农户田间管理节肥20.8%；平均每亩施肥成本188元，较普通农户田间管理节约施肥成本43元（图1、图2）。

图1　施用控释肥与常规种植效果对比（供图人：张务帅）

图2　现场观摩交流会（供图人：张务帅）

2. 绿色减排

本技术模式在南方山地玉米的研究与应用结果表明，与农户传统施肥相比，玉米控释配方肥免追高效施肥技术可显著降低活性氮损失2.2千克N/亩，减少温室气体排放81千克CO_2 eq/亩，生产每吨玉米籽粒的温室气体排放减少9.0千克CO_2 eq/亩。玉米控释配方肥免追高效技术在南方山地玉米上应用可实现活性氮损失的大幅降低，同时显著降低温室气体排放，具有较大的减排潜力和绿色生产前景，具有重要的推广价值。

五、注意事项

本技术注意事项如下。

一是使用南方山地玉米控释配方肥免追高效施肥技术应选择适宜当地生产的机械。

二是种、肥同播时注意排肥器和用量的设定，以及种、肥间距的设定。

三是施肥后进行施肥质量的检查，早发现早调整。

六、技术依托单位

单位名称：西南大学资源环境学院

联系地址：重庆市北碚区天生路2号

联系人：陈新平、张务帅

电子邮箱：chenxp2017@swu.edu.cn

七、山地玉米专用控释配方肥免追高效机械化施肥技术模式图

月份	4	5			6		
	下	上	中	下	上	中	下
节气	谷雨	立夏		小满	芒种		夏至

品种及产量构成	主要品种：渝单30等 产量构成：每亩4 000穗以上，每穗500～600粒，千粒重330～400克，单穗粒重200克左右
生育时期	播种：4月下旬至5月上旬　　　出苗：5月中旬至5月下旬　　　拔节：6月中旬

播前准备	选地	选择土层深厚、土壤物理性状好，20厘米以下的土层呈上实下虚状态，土壤有机质含量1.5%
	整地	秋季收获玉米后，在机械灭茬和部分秸秆粉碎还田基础上深耕（松）30～40厘米，打破犁底
	精选种子	播前精选种子，确保种子纯度≥98%，发芽率≥95%，发芽势强，籽粒饱满均匀，无破损粒
	种子处理	播前进行晒种、种子包衣或药剂拌种，增强种子活力，以控制苗期的灰飞虱、蚜虫、粗缩病、

精细播种	北方地区早春温度较低，因此切忌过早播种，以减少弱苗，提高出苗整齐度，避免病虫害特别是地下害虫 窄行（宽行距80厘米与窄行距40厘米交替）机械播种，做到播深一致、下种均匀。播种后及时镇压保墒。

合理密植	半紧凑型品种的适宜留苗密度为每亩4 000～4 500株，紧凑型品种为4 500～5 000株。定苗时，要多留10% 时去除病株和无效株；抽雄前10～15天，喷施玉米生长调节剂壮丰灵或玉黄金等化学调控物质（浓度为通

科学施肥	①施肥原则：根据"因需施肥"的高产施肥原则，确定多元素肥料的配方及施用方法。肥料运筹上，增施 ②施肥量：每年每亩高产田增施优质有机肥2米²、氮17～20千克、P$_2$O$_5$ 10～12千克、K$_2$O 10～13千克 ③施肥时期：分基肥、种肥、拔节肥、穗肥和花粒肥5次施用。 ●基肥：结合深耕，将全部有机肥、磷肥、钾肥及30%氮肥施入土壤中； ●种肥：一般以磷酸二胺或尿素作种肥，每亩施磷酸二胺3～5千克、尿素5千克（约占总氮量的10%）； ●拔节肥：拔节期，追施占总量20%的氮肥，以垄沟深施方式施入； ●穗肥：大喇叭口期，追施总氮量的30%； ●花粒肥：灌浆初期，追施总氮量的10%，延长玉米根系和叶片的生理活性，防早衰，保粒数，增粒重

灌溉	根据北方春玉米区的气候和土壤条件，播种时若土壤干旱应浇好底墒水或实行坐水种，保证播种后苗全、 产。因此，此期若降雨偏少，出现旱情，应及时浇水补灌

病虫害防治	防治杂草	播种后及时喷施化学除草剂。一般可用40%乙阿合剂（每亩200毫升，兑水45～60千克）或 1～2叶期喷施。喷药时应退着均匀喷雾于土壤表面，切忌漏喷或重喷，以免药效不好或发生
	防治病害	①丝黑穗病：采用种衣剂包衣，播前按药种比1：40进行包衣，或用10%烯唑乳油20克拌种 ②粗缩病：蚜虫和灰飞虱是玉米粗缩病的传播者，应对其进行重点防治。 ③大、小斑病：发病初期，用50%多菌灵500倍液喷雾，每隔5天喷1次，连喷2～3次。 ④瘤黑粉病：在三唑酮拌种基础上，于抽雄前10天左右喷施500～800倍液的50%福美双可湿
	防治玉米螟	采取生物防治和化学防治相结合的方法。生物防治包括释放赤眼蜂和白僵菌封垛两种方法。 ①赤眼蜂防治：在越冬代玉米螟化蛹率20%时，后推8天进行第1次放蜂，间隔5天后进行第2次 ②白僵菌防治：在越冬代玉米螟化蛹前，按每平方米用0.2千克菌粉进行封垛。另外，还可 畏（200倍液，每株3毫升滴于顶部花丝内）用50%辛硫磷1 000倍液进行喷雾防治

适时收获	保证10月5日以后收获，使玉米籽粒充分成熟，降低籽粒含水率，增加百粒重，提高玉米产量
效益分析	南方山地玉米控释配方肥免追高效施肥技术平均亩产673千克，较普通农户田间管理增产12.0%；平均每亩

图3　山地玉米专用控释配方肥

7			8			9			10
上	中	下	上	中	下	上	中	下	上
小暑		大暑	立秋		处暑	白露		秋分	寒露

抽雄、散粉、吐丝：7月下旬至8月上旬　　　成熟、收获：9月下旬至10月上旬

以上，速效氮100毫克/千克左右，速效磷20毫克/千克左右，速效钾100毫克/千克左右的地块

层，平整土地（翻、耕、耙、耢），改善墒情，应对玉米春季干旱，同时增强土壤保水保肥能力，促进根系生长

和病粒

丝黑穗病及地老虎和金针虫等地下害虫

和丝黑穗病等土传病害的侵害。一般5～10厘米地温稳定达到7～8℃，即4月下旬至5月上旬进行播种。采用等行距或宽
根据品种特性、留苗密度及种子质量等因素综合确定适宜播种量，一般每亩3～4千克

苗，留大苗、壮苗，以提高保株成穗率。辅助措施包括：3叶期及时间苗、5叶期及时定苗，留大苗、壮苗、齐苗；及
常用量的1/3～1/2）可有效地控制玉米群体发育，具有较好增产效果

有机肥、重施基肥、减少拔节肥、重施穗肥、增施花粒肥。
（折合尿素37～43千克、标准过磷酸钙71～86千克、硫酸钾21～27千克）。

苗齐、苗匀、苗壮；抽雄前后15天是玉米需水的关键时期，此期若缺水会造成果穗秃尖、少粒，降低粒重，造成减

玉草灵（每亩160～180毫升，兑水30～45千克）等进行封闭。玉草灵还可用于苗后处理，但应在玉米2叶1心前、杂草
局部药害。另外，注意不要在雨前或有风天气进行喷药

子100千克，堆闷24小时，或用50%多菌灵按种子重量的0.7%进行拌种。

性粉剂，可有效减轻黑粉病的再侵染

放峰（每亩放蜂1.5万头、1个放蜂点）。
利用化学药剂如穗期用3%辛硫磷颗粒剂（每亩250克，拌细砂5～6千克，撒于玉米心叶或叶腋），授粉后用80%敌敌

总养分投入23.6千克，较普通农户田间管理节肥20.8%；平均每亩施肥成本188元，较普通农户田间管理节约施肥成本43元

免追高效机械化施肥技术模式图

八、技术应用案例

南方山地玉米控释配方肥免追高效施肥技术从2017—2020年在四川绵阳市三台县开展示范试验，同时建立百亩示范方，在大面积田块实际生产条件下验证技术的可操作性和增产增效潜力。结果表明，南方山地玉米控释配方肥免追高效施肥技术平均亩产达573千克，较当地常规农户田间管理增产9.0%；平均每亩总养分投入20.3千克，较普通农户田间管理节肥17.8%；平均每亩施肥成本140元，较普通农户田间管理节约施肥成本73元，在促进农民增收方面具有突出效益。

本技术模式在南方山地玉米的研究与应用结果表明，与农户传统施肥相比，玉米控释配方肥免追高效施肥技术可显著减少温室气体排放65千克CO_2 eq/亩，生产每吨玉米籽粒的温室气体排放减少7.3千克CO_2 eq/亩。玉米控释配方肥免追高效技术可实现活性氮损失的大幅降低，同时显著降低温室气体排放，具有较大的减排潜力和绿色生产前景，具有重要的推广价值。

滇东高原春玉米全程机械化覆膜种植技术模式

一、技术概况

该模式集成玉米全程机械化+抗病耐密高产宜机品种+控释配方肥一次性深施+种肥同播+覆膜栽培+破膜播种+病虫害多标靶一喷多防等技术，适用于滇东低纬高原、冬春干旱少雨的山地春玉米种植区域。该技术具有抗旱、省时、省力，机械化程度高，化肥农药减量、减次明显，生产投入少，种植效率高等优点。应用该技术模式可实现玉米增产10%～15%，化肥农药减施10%～20%，减少劳动力投入4～5个，每亩节本增效300元以上（图1）。

图1　沾益示范区玉米生长整齐（供图人：廖召发）

二、技术要点

1.品种选择

选择国家或云南省农作物品种审定委员会审定且适宜种植区域的品种。选用紧凑或半紧凑型、生育期适中，耐密、抗倒、丰产、优质，抗穗腐、灰斑、大斑、纹枯病，籽粒脱水快，适宜机播机收的品种。如靖玉1号、靖单15号、川单99、中单901等。种子经过分级且均匀度较好，能较好地匹配相应的排种器，并进行种子包衣。种子质量符合《粮食作物种子 第1部分：禾谷类》（GB 4404.1—2008）的规定。采用机械播种单粒精播发芽率不低于95%。

2.耕地整地

机耕前后要及时清除残膜。机械深耕应在前茬作物收获后立即进行，以便土壤有较长时间的熟化；地面上的杂草、残茬和肥料等要覆盖严密，耕深以20～25厘米为宜，要求达到墒平土细，墒面无杂质。

3.种子处理

清除小粒、秕粒、破粒、霉变粒和杂粒，播种前在阳光下晒1～2天。对未包衣种子或不具备病虫害防治前移功能的包衣种子，宜采取病虫害防治前移药剂拌种。

精量播种：籽粒玉米亩播种1.8～2.0千克；青贮玉米亩播种2.5～3.5千克。具体操作中依据种子、密度大小适当增减。

4.播期确定

雨水（降水量>10毫米）来临以前5天内，10厘米耕层温度稳定通过10℃即可播种。一般4月中下旬至5月上旬播种为宜。

5.播种方式

（1）覆膜播种。采用河北农哈哈机械集团有限公司生产的2BPSF-2铺膜穴播机播种，施肥、覆膜、播种、覆土一次性完成（图2）；统一种植规格，幅宽1.2～1.3米，株距0.21～0.25米。大行距80～90厘米，小行距40～50厘米，偏差不大于偏差≤4厘米。播深准确度在耕层土壤中的位置保证在镇压后种子至地表的距离为4～5厘米（图3）。

图2　2BPSF-2铺膜穴播机播种（供图人：廖召发）　　　图3　机播玉米覆膜出苗整齐（供图人：廖召发）

（2）不覆膜播种。选用2～4行精量播种机，一次完成开沟施肥、播种、覆土、镇压等工序，株距12～31厘米可调，行距50～75厘米可调，播深4～6厘米可调。播种作业质量符合单粒率≥85%，空穴率<5%，粒距合格率≥80%，行距左右偏差≤4厘米，碎种率≤1.5%。肥料在种子下方，离种子5厘米以上。播种时期应选择在降雨来临前5天左右（图4、图5）。

图4　不覆膜机播（供图人：廖召发）　　　图5　不覆膜机播出苗情况（供图人：廖召发）

6. 栽培密度

合理密植是最大限度地利用光照、空气、养分，是实现高产栽培的中心环节。普通籽粒玉米以每亩4 500～5 000株为宜，即行距60～70厘米（宽窄行种植：宽行80～90厘米，窄行40～50厘米），株距20～25厘米；青贮玉米每亩5 500～6 000株为宜，即行距60～65厘米，株距17～20厘米。单粒机播则按密度要求在保持行距基础上调整株距（图6）。

图6 机播玉米出苗（供图人：廖召发）

7. 施肥管理

秸秆还田每亩2 000～2 500千克；绿肥还田每亩1 500～2 000千克，化肥可以减施10%～15%。推荐选用稳定性好的缓释肥（沃肥特27-9-9）一次性施用每亩60千克，施用深度为根层10～15厘米，以缓（控）释肥料为底肥与机播同步进行。一次性施肥后一般不再追肥，若在灌浆中发现供肥不足，可补充追施尿素每亩5～10千克，施肥深度10～15厘米。

8. 化学除草

滇东高原冬春季节性干旱明显，因此多采用苗后（茎叶）除草剂。具体操作是在玉米4～6叶期，选用兼用型除草剂，使用优选的喷药器械对玉米杂草进行定向喷雾防除1次。亩用量为常规用量的70%，并添加助剂（如多元醇型非离子表面活性剂等），减少除草剂使用量30%以上。

9. 中耕管理

适时间苗、定苗；做好病虫害监测，及时防治。

10. 病虫害防控

采用新型高效低毒低残留农药和生物农药。使用时宜选用醚菌酯、苯醚甲环唑、丙环唑、吡唑醚菌酯等杀菌剂和氯虫苯甲酰胺、虫螨腈、甲维盐、茚虫威、杀铃脲、昆虫性诱剂、斜纹夜蛾多角体病毒等高效化学和生物杀虫剂配合，实现病虫防治前移、多标靶一喷多防。添加农药助剂，如芸薹素内酯、多元醇型非离子表面活性剂等，以提高防效，减少用药量20%～30%。苗期及早防治小地老虎等地下害虫，中期防治草地贪夜蛾、黏虫、玉米螟等虫害。推荐电动喷雾器、遥控微型无人机喷洒，统防统治实现节药、节本、增效（图7）。

图7　病虫害无人机统防技术培训（供图人：廖召发）

11. 适时采收

籽粒成熟、乳线消失，收穗时籽粒含水率≤30%，收粒时籽粒含水率≤25%。收穗型收获机作业质量符合总损失率≤4%、籽粒破碎率≤1%、果穗含杂率≤1.5%、苞叶剥净率≥85%、残差高度≤100毫米。收粒型收获机作业质量符合总损失率≤5%、籽粒破碎率≤5%、含杂率≤3%、残差高度≤100毫米。青贮玉米收获应选择在籽粒乳熟末期至蜡熟前期，全株收获（图8）。

图8　玉米机收（供图人：廖召发）

12. 清洁田园

玉米收获后，及时采用机械（或人工）清理残物、残膜，深耕土地，翻晒土垡，为下茬作物的生产做好准备。

三、适宜区域

适宜云南东北部高原冬春干旱春玉米种植区或类似区域，以玉米抗旱栽培为主的旱作区。

四、效益分析

通过此项技术应用，实现山地玉米生产全程机械化，化肥农药减量减次施用。玉米亩增产10%～15%，化肥农药减施10%～20%，减少劳动力投入4～5个，每亩节本增效300元以上。2019年白水镇座棚村委会示范点，经专家组实测，示范区崔金团家地块'靖单15号'实测面积67米²，折合标准亩产802.8千克，对照折标准亩产660.5千克。示范区比常规种植亩增产142.3千克，按市场收购价2元/千克计，亩增产值284.6元；项目实施中亩减肥20千克、减23.6%，化肥利用率提高5%以上；每亩减施化学农药10克、减施33.33%。按市场农资价格计，每亩节约农药10元、节约化肥15元、全程机械化作业，节约人工成本200元。亩共计节本增效509.6元，增产增效显著。

五、注意事项

采用河北农哈哈机械集团有限公司生产的2BPSF-2铺膜穴播机播种，播种器调整为株距21厘米，并对播种机进行改装，在平墒器前正对播种器加装开沟器（开沟深度4～5厘米）。缓坡地要顺坡播种，并间隔1～1.5米膜上横向盖土压膜。

六、技术依托单位

单位名称1：云南省农业技术推广总站

联系人：刘艳

电子邮箱：ynsnjtgz@163.com

单位名称2：云南省沾益区农业技术推广中心

联系人：郑红英、廖召发

电子邮箱：zyxnjzx@163.com

七、滇东高原春玉米全程机械化覆膜种植技术模式图

技术模式见图9。

月份	4		5			6		
	中	下	上	中	下	上	中	下
节气		谷雨	立夏		小满	芒种		夏至
品种类型及产量构成	主要品种：靖玉1号、靖单15号、川单99、中单901等 产量构成：每亩4 500穗以上，每穗500～600粒，千粒重330～400克，单穗粒重200克左右							
生育时期	**播种**：4月中下旬至5月上旬　　**出苗**：4月下旬至5月中旬　　**拔节**：6月中旬							
播前准备	选地	玉米生长需要耕层深厚、结构良好、疏松透气、保水保肥的土壤条件。土壤有机质含量						
	整地	机械深耕应在前茬作物收获后立即进行，以便土壤有较长的熟化时间；地面上的杂草、						
	精选种子	播前精选种子，清除小粒、秕粒、破粒、霉变粒和杂粒，确保种子纯度≥98%，发芽率						
	种子处理	播前在阳光下晒1～2天。对未包衣种子或不具备病虫害防治前移功能的包衣种子，宜采						
精细播种	雨水（降水量>10毫米）来临以前5天内，10厘米耕层温度稳定通过10℃即可播种。4月中下旬至5月上 覆膜播种：采用河北农哈哈机械集团有限公司生产的2BPSF-2铺膜穴播机播种，实现全程机械化。统播深准确度在耕层土壤中的位置保证在镇压后种子至地表的距离为4～5厘米； 不覆膜播种（青贮玉米或不覆膜籽粒玉米）：选用2～4行精量播种机，一次完成开沟施肥、播种、覆上。播种时期应选择在雨季来临前5天左右							
合理密植	合理密植是最大限度的利用光照、空气、养分，是实现高产栽培的中心环节。普通籽粒玉米以每亩玉米每亩5 500～6 000株为宜，即行距60～65厘米，株距17～20厘米。单粒机播则按密度要求在保持							
科学施肥	秸秆还田量2 000～2 500千克/亩；绿肥还田量1 500～2 000千克/亩，化肥可以减施10%～15%。推荐与机播同步进行。一次性施肥后一般不再追肥，若在灌浆中发现供肥不足，可采用追施尿素5～							
灌溉	根据春玉米区的气候和土壤条件，雨水（降水量>10毫米）来临以前5天内播种，保证播种后苗全、苗因此，此期若降雨偏少，出现旱情，应及时浇水补灌							
病虫害防治	防治杂草	滇东高原冬春季节性干旱明显，因此多采用苗后（茎叶）除草剂。具体操作是在玉米4～ 加助剂，减少除草剂使用量30%以上						
	防治病虫害	采用新型高效低毒低残留农药和生物农药，使用时宜选用醚菌酯、苯醚甲环唑、丙环 高效化学和生物杀虫剂配合，实现病虫防治前移、多标靶一喷多防。添加农药功能性助 苗期及早防治小地老虎等地下害虫，中期防治草地贪夜蛾、黏虫、玉米螟等虫害。推荐						
适时收获	籽粒成熟、乳线消失，收穗时籽粒含水率≤30%，收粒时籽粒含水率≤25%。收穗型收获机作业质量作业质量符合总损失率≤5%、籽粒破碎率≤5%、含杂率≤3%、残差高度≤100毫米； 青贮玉米收获应选择在籽粒乳熟末期至蜡熟前期，全株收获							
效益分析	该技术模式适用于滇东低纬高原，冬春干旱降水少的山地春玉米种植区域，具有抗旱、耐旱效果好，产10%～15%，化肥农药减施10%～20%，劳动力投入减少4～5个，每亩节本增效300元以上							

图9　滇东高原春玉米全程

7			8			9			10
上	中	下	上	中	下	上	中	下	上
小暑		大暑	立秋		处暑	白露		秋分	寒露

抽雄、散粉、吐丝：7月下旬至8月上旬　　　成熟、收获：9月下旬至10月上旬

1.5%以上，速效氮100毫克/千克左右，速效磷20毫克/千克左右，速效钾100毫克/千克左右的地块

残茬和肥料等要覆盖严密，耕深以22～25厘米为宜，最终达到塂平土细，塂面无杂质

≥95%，发芽势强，籽粒饱满均匀，无破损粒和病粒

取病虫害防治前移药剂拌种。拌种药剂采用吡虫啉（高巧）+氰烯菌酯+戊唑醇+精甲霜灵·咯菌腈（快苗）

旬为宜；
一种植规格，幅宽1.2～1.3米，株距0.21～0.25米。大行距80～90厘米，小行距40～50厘米，偏差不大于偏差≤4厘米。

土、镇压等工序，株距12～31厘米可调，行距50～75厘米可调，播深4～6厘米可调。肥料在种子下方，离种子5厘米以

4 500～5 000株为宜，即行距60～70厘米（宽窄行种植：宽行80～90厘米，窄行40~50厘米），株距20～25厘米；青贮
行距基础上调整株距

选用稳定性缓释肥（沃肥特27-9-9）一次性施用60千克/亩，施用至根层使用量为10～15千克，以缓/控释性肥料为底肥
10千克/亩，施肥深度10～15厘米补肥

齐、苗匀、苗壮；抽雄前后15天是玉米需水的关键时期，此期若缺水会造成果穗秃尖、少粒，降低粒重，造成减产。

6叶期，选用兼用型除草剂，使用优选的喷药器械对玉米杂草进行定向喷雾防除1次。亩用量为常规用量的70%，并添

唑、吡唑醚菌酯等杀菌剂和氯虫苯甲酰胺、虫螨腈、甲维盐、茚虫威、杀铃脲、昆虫性诱剂、斜纹夜蛾多角体病毒等
剂，如芸薹素内酯等，以提高防效，减少用药量20%～30%；
电动喷雾器、遥控微型无人机喷洒，统防统治实现节药、节本、增效

符合总损失率≤4%、籽粒破碎率≤1%、果穗含杂率≤1.5%、苞叶剥净率≥85%、残差高度≤100毫米。收粒型收获机

省时省力机械化程度高，化肥农药减量、减次明显，生产投入少，种植效率高等优点。应用该技术模式可实现玉米增

机械化覆膜种植技术模式图

八、技术应用

云南省曲靖市沾益区座棚种植农民专业合作社在座棚村委会，自2018年开始应用春玉米全程机械化覆膜栽培技术，2019年合作社组织276户农户建设玉米化肥农药减施技术集成精确示范区1 020亩，核心示范区100亩。

1. 示范区实施的主要内容

示范技术模式：示范区通过示范抗逆高产耐瘠薄玉米新品种靖单15号+一次性底施沃夫特（27：9：9）缓释肥+农家肥+生物农药（甲维盐、棉铃虫多角体病毒）配高效低毒农药氯虫苯甲酰胺无人机喷雾统防统治草地贪夜蛾+拔节期根外追施磷酸二氢钾和芸薹素内酯+全程机械化生产等玉米化肥农药减施增效综合技术措施，选用0.01毫米厚膜覆盖，破膜播种。

2. 示范实施的组织形式

2019年南方山地玉米化肥农药减施增效技术推广机制模式探索与应用课题任务要求，以"农技推广部门+合作社/企业+农户"组织模式，开展山地玉米化肥农药减施技术集成研究与示范展示，使科研成果迅速转化为生产力。由项目承担单位云南省农业技术推广总站与曲靖市沾益区座棚种植农民专业合作社协作，开展千亩玉米化肥农药减施技术集成精确示范区1 020亩，建设核心示范区100亩。2019年实现技术模式推广3万亩，辐射带动白水、播乐、炎方、菱角等乡镇27万亩。

3. 实施过程

示范区2019年2月开始准备，技术示范采用春玉米全程机械化覆膜栽培技术，品种选用靖单15号、兴玉3号，按照实施方案进行种植工作。

（1）准备期。3月上旬准备示范区物资，进行机耕翻犁。

（2）播种期。3月25—29日采用机械化播种，株行距为（40+80）厘米×20厘米，播种同时每亩施用沃夫特27：9：9棒动力硝基双效肥60千克。

（3）出苗期。4月10日出苗，开展苗情调查。

（4）病虫害防治。分别于5月6日、6月4日飞防防治草地贪夜蛾2次，药剂为35%氯虫苯甲酰胺6克、5%甲维盐2.5克、每毫升20亿PIB的多角体病毒100毫升和0.000 4%烯腺·羟烯腺。安装性诱捕虫器2只。

（5）收获期。9月20日至10月10日，对示范区进行机械化收获。

4. 节本增效情况

2019年9月20日，邀请有关专家组成测产验收组，对示范区进行了测产验收。经实收测产，专家组经过认真讨论，一致认定2019年示范区平均亩产802.8千克，比对照每亩660.5千克增产142.3千克，按当地玉米市场价每千克2元计，每亩增加产值284.6元；示范区每亩减施化肥20千克（普通种植底施13：13：9玉米专用肥每亩25千克，追施尿素每亩45千克）、减量23.6%，化肥利用率提高5%以上；每亩减施化学农药10克、减量33.33%。按市场农资价格计，每亩节约农药10元、节约化肥15元，每亩节约打药、追肥、破膜放苗人工成本每亩200元，每亩共节本225元。示范区内，每亩节本增效509.6元，项目区1 020亩共节本增效51.9万元，增产增效显著。

四川盆地净作夏玉米绿色高效生产技术模式

一、技术模式概述

四川玉米种植面积约2 700万亩，春、夏、秋播并存，多种植在旱坡地，土壤瘠薄，灌溉条件差，加上夏玉米生育期内降雨较多，病虫草害种类多，导致肥药施用不合理、利用效率低、种粮比较效益低等问题突出。近年来，随着新型经营主体的快速涌现和土地流转等推进，两熟净作夏玉米发展迅速。据不完全统计，目前四川省夏玉米约占玉米种植总面积的30%。基于四川盆地净作夏玉米生产发展需要，为规范净作夏玉米化肥农药施用，有效提高肥药利用效率和生产效率，优化集成全程机械化、绿色优质高效夏玉米品种、秸秆还田、控释肥一次性深施、增密稳氮、农药高效安全防治等关键技术，建立了适宜四川盆地净作夏玉米绿色高效生产技术模式，以促进区域玉米生产健康持续发展，同时也为类似生态区域提供成熟的技术参考。

二、技术要点

1. 前作秸秆处理及整地

对前作留茬高度超过25厘米的地块，及时用秸秆还田机将留茬粉碎还田。采用中型以上旋耕机整地，作业层深度≥12厘米，作业层深度合格率≥85%，层内直径大于4厘米的土块≤5%，地表残秆残留量≤200克/米^2，表土细碎、地面平整、无板结且上虚下实等（图1）。

图1　整地效果（供图人：卢庭启）

2. 品种选择

选用紧凑或半紧凑型、熟期适中、耐密、抗倒、丰产、优质、抗（耐）主要病虫害，适宜机播机收的玉米品种。种子大小适中、经过分级且均匀度较好，能较好地匹配相应的排种器，并按照相关规定进行种子包衣。种子质量符合《粮食作物种子 第1部分：禾谷类》（GB 4404.1—2008）的规定。

3. 播种机选择

根据地形地块选择适宜的玉米精量播种机，一般可选用2～4行精量播种机，一次完成深施肥、播种、覆土、镇压等工序，株距12～31厘米可调，行距50～75厘米可调，播深4～6厘米可调。播种作业质量符合单粒率≥85%，空穴率≤5%，粒距合格率≥80%，行距左右偏差≤4厘米，碎种率≤1.5%。肥料在种子下方，离种子5厘米以上（图2）。

图2　适宜丘陵旱地中型地块的4行精量播种机（供图人：卢庭启）

4. 播种时间及播种密度

一般适宜播期为5月下旬至6月上旬，耕层土壤相对含水量达到70%左右即可播种。播深4～5厘米，遇旱适当深播，但不宜超过6厘米。每公顷成苗密度5.25万～6.75万株，用种量参照种子发芽率和当地地下害虫发生发展情况上浮5%～10%。

5. 施肥技术

（1）肥料用量。玉米生长季一般需纯氮150～240千克/公顷、P_2O_5 112～135千克/公顷、K_2O 90～105千克/公顷。

（2）肥料施用。可根据地力采用控释肥于播种时一次性机械化施入（图3），一般中等地力田块，在产量6 000～7 500千克/公顷条件下，用量675千克/公顷（如茂施控释掺混肥，总养≥51%，N：P：K为26：12：13，控释氮≥13%）；地力较好地块可酌情减施；地力较差的地块可适度增施。苗期至小喇叭口期根据田间长势酌情追肥。

（3）肥料品种。优先选用玉米专用复混肥料，提倡施用缓控释肥，也可选用尿素等常规肥料，慎用高氯复混肥料。

（4）中微量元素肥料施用。中微量元素肥料做到因缺补缺、及时监测。若土壤有效锌（Zn）含量低于其缺乏临界值（1.00毫克/千克），应针对性使用锌肥，可以用七水硫酸锌1.0千克/亩作基肥施用；若出现缺锌营养失调症状，应立即喷施0.1%～0.2%七水硫酸锌或其他锌肥溶液，每亩喷施50千克左右，间隔5～7天，再喷施1～2次。在晴天傍晚前喷施，喷后如遇雨淋洗，应重新喷施。

（5）秸秆还田替代部分化肥。秸秆还田量应为上季作物收获后秸秆的全部量。前茬作物秸秆全量粉碎还田条件下，可替代10%～20%氮、磷、钾肥。

（6）有机肥料替代部分化肥。配施商品有机肥351千克/公顷，商品有机肥的有机质应不低于

45%，N、P、K不低于5%，腐植酸不低于5%，或农家粪肥30 000千克/公顷左右，可替代10%~20%氮、磷、钾肥。

图3 一次性机械化施入缓控释肥（供图人：卢庭启）

6. 化学除草

一般以土壤封闭除草（又称芽前除草）或茎叶除草为主，土壤墒情较好的地块可采用芽前除草，可选用960克/升精异丙甲草胺乳油或40%精异丙甲草胺微囊悬浮剂等，于玉米播种后当天或第二天施用。茎叶除草一般在玉米3~5叶期、杂草2~5叶期，杂草发生量较大时进行，根据田间杂草群落选用一种除草剂或一组混配剂进行茎叶喷雾防除，以禾本科杂草为主的玉米地块，可选用异丙草胺、烟嘧磺隆、砜嘧磺隆、苯唑草酮以及乙草胺·莠去津混剂等；以阔叶类杂草为主的玉米地块，可选用氯氟吡氧乙酸（异辛酯）、唑嘧磺草胺、噻吩磺隆、硝磺草酮、嗪草酸甲酯等；以混合类杂草为主的玉米地块，可选用32%烟嘧磺隆·莠去津·硝磺草酮可分散油悬浮剂、28%烟嘧磺隆·莠去津·氯氟吡氧乙酸可分散油悬浮剂、45%硝磺草酮·莠去津·异丙甲草胺悬乳剂、26%噻酮磺隆·异噁唑草酮悬浮剂（茎叶喷雾、土壤喷雾均可）和30%苯唑草酮悬浮剂等；恶性杂草为主的玉米地块中，以烟·莠·氯氟吡或硝·烟·氯氟吡等防除苘麻、苣荬菜、刺儿菜、问荆、田旋花、萹草、藜等恶性杂草效果最佳，硝·烟·莠等防除芦苇、茅草等恶性杂草效果最佳，烟·莠·二甲四氯防除香附子、莎草等恶性杂草效果最佳，苯唑草酮·莠防除马唐等杂草效果最佳。其他时期根据田间杂草情况适度防控。

7. 病虫害综合防控

主要防治叶斑病、穗粒腐、苗期地下害虫、玉米螟、草地贪夜蛾、蚜虫等。以玉米新型种衣剂综合防治技术结合中后期病虫害"一喷多效"技术（杀虫剂+杀菌剂+植物生长调节剂+助剂于喇叭口喷施），对全生育期病虫害进行综合防控。参照农药使用说明采用机动喷雾器、高地隙喷药机具或无人机等作业。药剂选用符合GB/T 8321.1~9的规定。可采用性诱剂、诱虫灯、释放赤眼蜂等防治玉米螟。应加强对草地贪夜蛾的监测，及早发现、尽早防治，可采用氯虫苯甲酰胺或甲氨基阿维菌素苯甲酸盐或溴氰虫酰胺或多杀菌素等进行化学防控，抓住低龄幼虫的防控最佳时期，在玉米心叶、雄穗和雌等部位精准防治。此外，在卵孵化初期可选择喷施白僵菌、绿僵菌、绿苏云金杆菌制剂以及多杀菌素、苦参碱、印楝素等生物农药，进行绿色防控。

8. 化控防倒

可采用矮丰、玉黄金等玉米控旺剂进行控旺防倒，一般在玉米6~8展开叶期（10~12可见叶）

施药，可壮根壮秆，降低植株高度。根据不同化控剂要求，参照使用说明施用，喷洒均匀，不重、不漏，不易与碱性农药、化肥混用。

9. 适期晚收

籽粒完熟、乳线消失，收穗时籽粒含水率≤30%，收粒时籽粒含水率≤25%。收穗型收获机作业质量符合总损失率≤4%、籽粒破碎率≤1%、果穗含杂率≤1.5%、苞叶剥净率≥85%、残茬高度≤100毫米。收粒型收获机作业质量符合总损失率≤5%、籽粒破碎率≤5%、含杂率≤3%、残茬高度≤100毫米。

10. 秸秆还田

收获时用佩带秸秆粉碎装置的玉米联合收获机作业，无粉碎装置的收获机收获后，应采用秸秆粉碎还田机及时粉碎还田，秸秆粉碎后长度小于5厘米，均匀抛撒地表。尽早进行翻耕作业，一般应埋入10厘米以下的土层中，耙平压实，以免秸秆过长影响后茬作物的出苗与生长。同时还应注意本田秸秆还本田，可避免病虫害蔓延和传播（图4、图5）。在翻耕前需适量深施速效氮肥以调节适宜的碳氮比，一般每100千克玉米秸秆配施1.5～2.0千克纯氮进行补施。

图4　玉米秸秆切碎还田作业（供图人：卢庭启）　　图5　秸秆翻埋还田作业（供图人：卢庭启）

三、适宜区域

适宜四川盆地浅丘和平坝等地区规模化种植地块，或类似生态区。

四、效益分析

本技术模式集成应用了宜机品种、秸秆还田、适度增密、一次性施肥、一拌一喷植保技术、适期晚播晚收等关键技术和产品，实现了玉米全程机械化生产，显著提高了玉米种植效益，主要体现有如下。

1. 经济效益

通过应用玉米全程机械化生产的关键技术和产品，各个机械作业环节都能起到增产和降耗的作用，所以每个作业环节对提高经济效益都有一定的贡献。示范区化肥减量20%，化肥利用效率提升24%，化学农药减量25%，生产效率提升56%，玉米亩均增产23.7%（非示范区605.3千克/亩），亩节本增收200元以上。

2. 社会效益

通过示范带动周边玉米生产发展，提高生产效率，减少了劳力和农资等成本投入。把节约的劳动力进行劳务输出或从事加工、畜牧养殖等农业生产，还可产生其他间接经济效益。此外，利用示范基地平台建设，可促进科技成果转化，促进新技术、新品种向现实生产力的转化，有效促进玉米品种布局优化和结构调整，有利于提高玉米生产能力，有效增加农民收入，促进农业生产和区域经济发展。

3. 生态环境效益

通过秸秆还田、一次性施肥、一喷多防等措施，做到了控肥减药、一防多效，减少了农业面源污染，还增加了土壤有机质，改善了土壤结构，增强了土地的可持续生产力。更有效地利用和改善区域生态条件，对保护生态、建立绿色环保的生产条件、促进农业和农村经济持续稳定发展都有重要意义。

五、注意事项

一是农机操作手应培训上岗，并严格按照各机具安全操作技术规程进行作业，严防安全事故发生。

二是机械化翻耕主要适用于台位低的浅丘和平坝地区，台位高或坡度大的地块应以旋耕或少、免耕等保护性耕作技术为主，且旱地不宜频繁翻耕，可根据实际情况2~3年翻耕一次。

三是机械选型配套应以低耗高效为原则，根据地形、地块大小、资金等生产实际条件选择适宜的机械，减少不必要的投入。

四是品种选择应避免单一，生育期应适中、不宜过长，忌选不抗倒伏品种。结合当年气候变化趋势，合理安排耕种收时间。

五是收粒或收穗应根据烘干设备、晾晒场地等实施设备配套情况，选择适宜的收获方式。

六、技术依托单位

单位名称1：四川省农业科学院作物研究所

联系人：刘永红、杨勤、陈岩

电子邮箱：13908189593@163.com

单位名称2：四川省农业科学院土壤肥料研究所

联系人：郭松、刘海涛

电子邮箱：guosong1999@163.com

单位名称3：绵阳市农业科学研究院

联系人：卢庭启

电子邮箱：lutingqi0822@126.com

七、四川盆地净作夏玉米绿色高效生产技术模式图

月份	5	6			7		
	下	上	中	下	上	中	下
节气	小满	芒种		夏至	小暑		大暑
品种类型及产量构成	主要品种：协玉901、仲玉3号、中单901、蠡玉16号等 产量构成：每亩4 000穗以上，每穗480~620粒，千粒重300~340克，单穗粒重200克左右						
生育时期	**播种**：5月下旬至6月上旬　　**出苗**：6月上旬至6月中旬　　**拔节**：6月中旬至6月下旬						
播前准备	选地	选择地块相对成型，宜规模化种植，土层深厚、土壤物理性状好，耕层深度大于20厘米					
	整地	前茬作物收获后，及时灭茬，根据耕地台位和土壤墒情选择免耕或旋耕整地。旋耕整地后					
	精选种子	播前精选种子，确保种子纯度≥98%，发芽率≥95%，发芽势强，籽粒饱满、大小均匀，					
	种子处理	播前进行晒种、种子包衣或药剂拌种，增强种子活力，以控制苗期病虫害					
	播种机选择	根据地形地块选择适宜的玉米精量播种机，一般可选用2~4行精量播种机，一次完成深施					
精细播种	一般适宜播期为5月下旬至6月上旬，耕层土壤相对含水量达到70%左右即可播种。播深4~5厘米，遇						
合理密植	半紧凑型品种的适宜成苗密度为每亩4 000~4 500株，紧凑型品种为4 500~5 000株。一般在玉米6~8						
科学施肥	①施肥原则：根据"因地、因需、配方"的施肥原则，采用缓控释肥于播种时一次性机械化施入。 ②施肥量：地力中等地块用量675千克/公顷，地力较好地块可酌情减施，地力较差的地块进行有机无情追肥						
灌溉	根据水源条件选择合适的灌溉方式，有灌溉条件的地块，在播种时遇干旱，应浇好底墒水或实行坐水避旱						
病虫害防治	防治杂草	一般以土壤封闭除草（又称芽前除草）或茎叶除草为主，土壤墒情较好的地块可采用芽除草一般在玉米3~5叶期、杂草2~5叶期，杂草发生量较大时进行，根据田间杂草群落选苯唑草酮、乙草胺·莠去津混剂等，阔叶类杂草可选用氯氟吡氧乙酸异辛酯、硝磺草酮、油悬浮剂、45%硝磺草酮·莠去津·异丙甲草胺悬乳剂、30%苯唑草酮悬浮剂等，恶性杂					
	防治病害	①病害：以防治叶斑病、穗粒腐为主。以玉米新型种衣剂综合防治技术结合中后期病虫害 ②虫害：以防治苗期地下害虫、玉米螟、草地贪夜蛾、蚜虫等为主。以种衣剂或苗期施药的原则防治草地贪夜蛾，可选用氯虫苯甲酰胺、或甲氨基阿维菌素苯甲酸盐、或溴氰虫酰进行绿色防控					
适时收获	籽粒完熟、乳线消失即可收获，收穗时籽粒含水率≤30%，收粒时籽粒含水率≤25%						
效益分析	较传统种植方式可实现化肥减量20%，化肥利用效率提升24%，化学农药减量25%，生产效率提升56%，接经济效益						

图6　四川盆地净作夏玉米

8			9			10
上	中	下	上	中	下	上
立秋		处暑	白露		秋分	寒露

抽雄、散粉、吐丝：7月中旬至8月上旬　　　**成熟、收获**：9月上旬至10月上旬

耕层内直径大于4厘米的土块≤5%，地表残秆残留量≤200克/米²，表土细碎、地面平整、无板结且上虚下实等

无破损粒和病粒

肥、播种、覆土、镇压等工序，株距12～31厘米可调，行距50～75厘米可调，播深4～6厘米可调

旱适当深播，但不宜超过6厘米。用种量参照种子发芽率和当地地下害虫发生情况上浮5%～10%

展开叶期（10～12可见叶）喷施矮丰、玉黄金等，可有效地控制玉米群体发育，具有较好抗倒、增产效果

机配施，一般可配施商品有机肥351千克/公顷，或用农家粪肥30 000千克/公顷左右。苗期至小喇叭口期根据田间长势酌

种，保证播种后苗全、苗齐、苗匀、苗壮，或采微喷灌、滴灌等方式抗旱。无灌溉条件的地块应合理调整播期，科学

前除草，可选用960克/升精异丙甲草胺乳油或40%精异丙甲草胺微囊悬浮剂等，于玉米播种后当天或第二天施用。茎叶
用一种除草剂或一组混配剂进行茎叶喷雾防除。其他时期根据田间杂草情况适度防控。禾本科杂草可选用异丙草胺、
嗪草酸甲酯等；混合类杂草可选用32%硝·烟·莠去津可分散油悬浮剂、28%烟嘧磺隆·莠去津·氯氟吡氧乙酸可分散
草可选用烟·莠·氯氟吡、硝·烟·氯氟吡、烟·莠·二甲四氯、苯唑草酮·莠等

"一喷多效"技术（杀虫剂+杀菌剂+植物生长调节剂+助剂于喇叭口喷施），对全生育期病虫害进行综合防控。
防治地下害虫；以喇叭口期化学防治结合性诱剂、诱虫灯、释放赤眼蜂等生物防治方法防治玉米螟；以"早防、治小"
胺、或多杀菌素等化学防控，或喷施白僵菌、绿僵菌、绿苏云金杆菌制剂以及多杀菌素、苦参碱、印楝素等生物农药

亩增产25%以上，亩节本增收200元以上。把节约的劳动力进行劳务输出或从事畜牧养殖等农业生产，还可产生其他间

绿色高效生产技术模式图

八、技术应用案例

技术名称：四川盆地净作夏玉米绿色高效生产技术模式

地点：四川省绵阳市梓潼县，梓潼县开胜家庭农场

开始年份：2019年

创建特点：一是多单位、部门联动，直接面向新型经营主体和新形势玉米生产发展需求，集中优势资源，高效地开展科研成果和产品的集成示范。二是技术人员对接新型经营主体开展"保姆"服务，全程为新型经营主体提供技术服务。

1. 技术要点

（1）前作秸秆处理及整地。对前作小麦或油菜留茬高度超过25厘米的地块，及时用秸秆切碎还田机将留茬粉碎还田，作业层深度约20厘米，作业层深度合格率大于85%，表土细碎、地面平整、无板结且上虚下实，地表残秆残留量小于200克/米^2。

（2）品种选择。选用半紧凑型、熟期适中、耐密、抗倒、丰产稳产性较好的协玉901、蠡玉16、中单901等宜夏播宜机播机收品种。种子大小适中、经过分级且均匀度较好，能较好地匹配相应的排种器，并按照相关规定进行种子包衣。

（3）播种机选择。选用四行玉米精量播种机（农哈哈2BYFSF-4C型）种肥同播，一次完成深施肥、播种、覆土、镇压等工序，株距21厘米，行距70厘米。肥料在种子下方，离种子5厘米以上。

（4）播种时间及播种密度。6月1—2日适墒直播，播深5厘米，每公顷用种约7.4万粒。

（5）施肥。采用控释混675千克/公顷（总养≥51%，N∶P∶K为26∶12∶13，控释氮≥13%）于播种时一次性机械化施入。苗期时对长势较弱的区域追施尿素225千克/公顷用于提苗。

（6）化学除草。在玉米4叶期、杂草2～5叶期，根据田间杂草群落选用40%硝磺·异丙·莠可分散油悬浮剂3 300毫升/公顷+助剂（多元醇型非离子表面活性剂）225毫升/公顷进行茎叶除草1次。

（7）病虫害综合防控。采用无人机于大喇叭口期喷施杀虫剂（2.5%高效氯氟氰菊酯微乳剂600毫升/公顷+35%氯虫苯甲酰胺水分散粒剂90克/公顷）+植物生长调节剂（30%胺鲜·乙烯利水剂300毫升/公顷）+助剂（63%多元醇型非离子表面活性剂225毫升/公顷）实现"一喷多防、一喷多效"。

（8）适期晚收。籽粒完熟、乳线消失、植株变黄时，采用沃得4LZ-4.0E型履带自走全喂入式谷物联合收割机收粒，收粒时籽粒含水率约25%。

2. 推广机制模式

主要采用"专家+推广技术人员+新型经营主体"的推广示范模式。即面向新型经营主体和新形势玉米生产发展需求，以国家玉米产业技术体系、粮食丰产增效科技创新、南方山地玉米双减、四川省玉米高粱育种攻关、四川省玉米创新团队等项目的技术力量为依托，以各项的科技成果为支撑，由专家和技术人员提供保姆式服务（提供种植规划和跟踪式服务等全程解决方案），直接对接新型经营主体打造示范基地。以示范基地为平台，以新型经营主体为辐射源头，多单位、部门联动，结合现场观摩会、培训会覆盖本区域内外的新型经营主体，培育更多的辐射点，促进科技成果的快速推广应用。

3. 优势分析

（1）较大程度地提升了生效效率。与传统种植方式相比，通过应用净作夏玉米绿色高效生产技术，更能从容应对夏玉米生产上面临的耕地、播种、田管、收获等环节宜田间操作时间紧迫等问题。

据统计，该技术可在播种、施肥、病虫草害防治、收获等环节减少劳力、农资等投入52.4%，使生产效率提升56%。

（2）节本增收效果明显。通过优良品种、缓控释肥、安全高效农药等相关配套产品应用，可实现化肥减量20%，化肥利用效率提升24%，化学农药减量25%，每亩均增产23.7%（非示范区605.3千克/亩），亩节本增收200元以上。

（3）更有利于实用技术的推广和应用。直接面向新型经营主体和新形势玉米生产发展需求，以新型经营主体为技术应用和辐射源头，能较大程度上加快科技成果落地，促进技术更快、更好地服务生产。

云南省山地夏玉米化肥农药减施增效栽培技术模式

一、技术概况

1. 技术基本情况

玉米是西南山区主要粮食作物，关系到粮食安全。云南低纬度高原籽粒玉米常年种植在2 600多万亩，其中80%以上分布在山区、半山区坡地。从气候条件来看，降水时空分布变化大，11月至翌年4月干旱少雨，降水量仅为全年降水量的15%左右，玉米最佳播种时间主要在3—5月，常遭遇干旱的威胁；高海拔1 900米以上区域，玉米生产常因积温不足，"早种不出、晚种不熟"；而普通白色地膜覆盖条件下杂草丛生，与玉米争肥争水，若施用除草剂，又增加农药用量、影响环境，传统的玉米覆膜栽培需破膜引苗，同时大量施用化肥又造成土壤环境恶化、不可持续。该技术着眼于抗旱播种、不使用除草剂而有效抑制杂草、窝塘或"W"形集雨覆土，套种绿肥、用地养地结合，达到抗旱节水、减少用工、减少农药和化肥用量、绿色可持续发展目的，推进了山区、半山区旱地耕作制度改革，稳定地提高玉米单产、促进了农民增产增收。

2. 示范推广情况

2015年以来，云南省把"山地玉米化肥农药减施增效栽培技术"作为高产创建的主推技术，经广大农技推广人员的示范推广，目前在全省中高海拔玉米产区广泛应用，特别是滇东北的曲靖、昭通，应用面积较大，每年都创出万亩示范区800千克以上的高产典型。通过这一技术的推广，有效推动了旱粮生产方式的根本性转变，显著提高了玉米生产效益和水平，还促进了生产的资源节约、生态绿色发展。近年来，在云南适宜区每年推广该技术200万亩左右。

3. 提质增效情况

该技术通过选用抗病耐瘠耐密玉米绿色品种，减轻玉米灰斑病和穗腐病的发生；采用黑膜覆盖抑制杂草和窝塘或"W"形集雨覆土抗旱栽培，减少芽后除草剂的使用每亩15毫升，每亩节约成本7元，每亩节水1.5米^3，亩减少破膜放苗用工2个，亩节约投入100元；通过玉米乳熟期套种绿肥，用地养地相结合，以及实施绿肥及玉米秸秆过腹还田替代化肥等，每亩节约尿素10千克，每亩节约成本25元。

自2015年以来，云南省每年推广该项技术200万亩，到2019年共推广1 000多万亩，共减少除草剂额使用150万升，节约投入7 000万元，节水1 500万米^3，减少用工节约投入10亿元，减少尿素使用10万吨，增加效益2.5亿元。5年共节约增效13.2亿元。经济效益、生态效益和社会效益显著。

4. 获得奖励情况

2018年曲靖市农业科学院黄吉美研究员主持完成的"山地玉米抗逆简化栽培技术研究与应用"获云南省科技进步奖三等奖（图1、图2）。

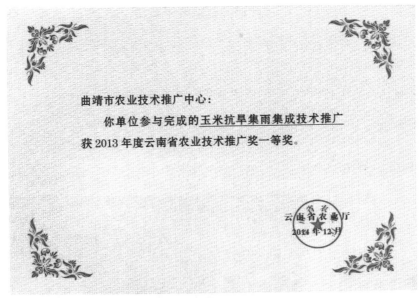

图1 获奖证书之一   图2 获奖证书之二

二、技术要点

关键技术：高抗耐密绿色品种+黑膜覆盖+抗旱窝塘（"W"形沟）播+测土配方施肥+间种+病虫害绿色防控+套种绿肥。

1. 品种选择

选用生育期适中，抗灰斑病、大斑病和穗粒腐病，适应性广，株型紧凑，群体整齐，穗位适中，灌浆快速，成熟后苞叶松散，且适于机播机收的绿色品种。如靖单15号、靖玉1号、兴玉3号、川单99、宣黄单13号、宣黄单4号、海禾2号、云瑞999、金玉2号、华兴单88等。

2. 精细整地

绿肥收割后及时机械深松整地，使土壤上松下紧、表土平细，深松深度达25厘米以上。

3. 抗旱窝塘或"W"形沟旱播

雨季来临前，整地理墒，农家肥入地，并在墒面上打塘或开沟，整理成集雨窝塘或"U"形或"W"形沟。4月5日前遇降雨应及时抢墒播种，不降雨则等待雨水来临前5天内实行抗旱播种。最好5月底后播种（图3）。

4. 黑膜覆盖、窝塘或"W"形沟覆土

使用幅宽80～100厘米、厚度符合国家标准的黑色地膜覆盖，有效控制杂草生长；或选用小四轮拖拉机带动覆膜机具覆膜，然后人工破膜播种、并在窝塘或"W"形沟上覆土，使播种塘或沟始终低于墒面，以利于露水或降雨聚集形成有效利用。

5. 测土配方施肥

采用测土配方施肥，提高肥料利用率和施肥效果。底肥亩施用农家肥1 000～1 500千克，玉米专

用复合肥40～50千克。追肥应因地制宜，分二次进行，6～7叶期，亩追施尿素15～20千克；大喇叭口期，亩追施尿素20～25千克。

6. 规范化间种

采用玉米间种马铃薯、豆类等（图4）。

（1）玉米间种豆类，采用双行玉米间双行豆，播幅130～140厘米，大行90～100厘米，小行40厘米左右，大行间2行豆。

（2）玉米和马铃薯间作，各占1.0米，行比2：2。

图3　黑色地膜窝塘或"W"形集雨抗旱栽培田间情况　　　　图4　间种马铃薯田间长势情况

7. 病虫害绿色防控

发生病虫害时，有针对性选择高效低毒农药，组织专业化防治队伍统防统治，重点防治草地贪夜蛾、玉米螟、黏虫等。

8. 免耕套种绿肥培肥地力

在间种的马铃薯、豆类等作物收获后或玉米乳熟期（8月下旬至9月上旬）免耕套种绿肥（光叶紫花苕或箭舌豌豆）（图5、图6）。

图5　玉米收获后套种绿肥前期长势情况

图6 玉米收获后套种绿肥中后期长势情况

9. 适时收获

玉米成熟后于晴天进行及时收获。果穗收获后不宜长时间堆放，应及时去苞叶晾晒和脱粒贮藏，以防霉变，确保丰产丰收。

三、适宜区域

适宜西南丘陵山地，特别是云南乌蒙山区高海拔山地玉米生产。

四、效益分析

自2015年以来，云南省每年推广该项技术200万亩以上，到2019年共推广1 000多万亩，共减少除草剂额使用150万升，节约投入7 000万元，节水1 500万米³，减少用工节约投入10亿元，减少尿素使用10万吨，增加效益2.5亿元。5年共节约增效13.2亿元。经济效益、生态效益和社会效益显著。

五、注意事项

选择抗穗粒腐病、灰斑病的绿色玉米杂交品种；各地可结合当地自然条件和耕作水平，适时播种，确保播种质量；追肥时应选择在距植株基部8～10厘米处，破膜追肥，追后覆土封膜。

六、技术依托单位

单位名称1：云南省农业科学院农业环境资源研究所

联系地址：云南省昆明市盘龙区北京路2238号

联系人：何成兴、尹梅、王群、郭志祥

电子邮箱：hechengxing69@163.com；ymmay@163.com；qunwang70@163.com；zhixiangg@163.com

单位名称2：曲靖市农业科学院

联系地址：云南省曲靖市麒麟区紫云南路78号

联系人：黄吉美、浦军

电子邮箱：hjm700609@sina.com；412128071@qq.com

七、云南山地夏玉米化肥农药减施增效栽培技术模式图

月份	4	5			6		
	下	上	中	下	上	中	下
节气	谷雨	立夏		小满	芒种		夏至
品种及产量构成	主要品种：靖单15号、靖玉1号、兴玉3号、川单99、宣黄单13号、宣黄单4号、海禾2号、云瑞999、产量构成：每亩4 500～5 000穗，每穗600～700粒，千粒重350～400克，单穗粒重300～400克						
生育时期	**播种：**4月下旬至5月中旬　　　　**出苗：**5月中旬至5月下旬　　　　**拔节：**7月中旬						

播前准备	选地	土地选择符合《食用农产品产地环境质量评价标准》（HJ 332—2006）
	整地	采用中型以上旋耕机整地，作业层深度≥12厘米，作业层深度合格率≥85%，层内直径大于
	精选种子	播前精选种子，选择国家农作物审定委员会审定或云南省农作物审定委员会审定且适宜种植粒脱水快，适宜机播机收的品种。如靖单15号、靖玉1号、川单99、中单901等品种。种子经第1部分：禾谷类》（GB 4404.1—2008）的规定。采用机械播种其发芽率不低于90%，单粒
	种子处理	播前进行杂质清除（清除小粒、秕粒、破粒、霉变粒和杂粒）；晒种（播前在阳光下晒1～2种药剂采用［吡虫啉（高巧）+氰烯菌酯+戊唑醇+精甲霜灵·咯菌腈（快苗）］

精细播种	①播种量：育苗移栽：每亩1.8～2.0千克种子。人工直播：每亩2.0千克种子。机械精准量播种：每亩2.2～ ②播种方式：人工播种、简易播种器播种、精密单粒机械化播种。精密单粒机械化播种方式中，播种、施 ③播种深度：一般种子直播播种深度3～5厘米。若土壤墒情差、土壤黏重、颗粒大时可适当增加播种深度

合理密植	合理密植是最大限度地利用光照、空气、养分，是实现高产栽培的中心环节。普通玉米以每亩4 500～5 000保持行距基础上调整株距

科学施肥	①施肥原则：根据"平衡施肥"的高产轻简化施肥原则，确定多元素肥料的配方及施用方法。肥料运筹 ②施肥量：一般玉米籽粒产量800～1 000千克/亩（或全株生物产量5 000千克/亩）纯N、P_2O_5、K_2O用量分2 000～2 500千克/亩；绿肥1 500～2 000千克/亩。 ③施肥方式：机械化精密单粒播种，采用缓释肥（22-8-10）72千克/亩机械化一次深施，深度为15～20厘喇叭口期用25千克/亩尿素测深施作为追肥。 ④缓释释肥深施技术：选用稳定性缓释肥（22-8-10）（云南天宝丰生产）一次性施用72千克/亩，施用深足，可采用追施尿素5～10千克/亩，施肥深度10～20厘米补肥

病虫害防治	杂草防治	玉米齐苗后，杂草4～6叶期是及时喷施茎叶处理除草剂可有效控制杂草对玉米生长造成的危磺隆·莠去津·异丙草胺OD，亩用制剂量180～200毫升或28%烟嘧磺隆·莠去津·氯氟吡氧意避开大风、降雨天气施药。每亩用量为常规用量的70%，并添加助剂减少除草剂使用量
	病害防治	①丝黑穗病：选用抗病品种；采用种衣剂包衣，玉米播种前用10%精甲·戊·嘧菌种子处理嗪悬浮种衣剂2 000克/100千克种子进行包衣。 ②大、小斑病：选用抗病品种；发病初期，用30%肟菌·戊唑醇悬浮剂、25%吡唑醚菌酯悬 ③灰斑病：选用抗病品种；发病初期，用75%肟菌·戊唑醇水分散粒剂3 000倍，7～10天喷 ④纹枯病：选用抗病品种；采用种衣剂包衣，玉米播种前用30%吡醚·咯·噻虫悬浮种衣剂
	虫害防治	①种衣剂防治：播种前，采用50%的氯虫本甲酰胺种衣剂或40%氯虫噻虫胺种衣剂300g ai/100 ②生物杀虫剂防治：在害虫3龄以前，按100亿/毫升白僵菌按60毫升/亩或100亿个孢子/毫升短 ③化学防治：种群密度较高时，采用14%甲维茚虫威悬浮剂30毫升/亩进行防治草地贪夜蛾和

适时收获	保证9月10日以后收获，籽粒完熟、乳线消失，收穗时籽粒含水率≤25%，收粒时籽粒含水率≤15%。收穗米。收粒型收获机作业质量符合总损失率≤5%、籽粒破碎率≤5%、含杂率≤3%、残差高度≤100毫米

效益分析	该技术模式每亩增加产值284.6元；示范区内，每亩减施化肥20千克（普通种植底施13：13：9玉米专用肥市场农资价格计，每亩节约农药10元，节约化肥15元，每亩人工成本20元亩，每亩共节约成本225元。示

图7　云南山地夏玉米化肥农药

7			8			9			10
上	中	下	上	中	下	上	中	下	上
小暑		大暑	立秋		处暑	白露		秋分	寒露

金玉2号、华兴单88等

抽雄、散粉、吐丝：7月下旬至8月上旬　　　**成熟、收获：**9月下旬至10月上旬

4厘米的土块≤5%，地表残秆残留量≤200克/米²，表土细碎、地面平整、无板结且上虚下实等

区域的玉米品种。宜选用紧凑或半紧凑型、生育期短、耐密、抗倒、丰产、优质、抗穗腐、灰斑、大斑、纹枯病，籽过分级且均匀度较好，能较好地匹配相应的排种器，并按照相关规定进行种子包衣。种子质量符合《粮食作物种子精播发芽率不低于95%

天）；种子药剂处理（对未包衣种子或不具备病虫害防治前移功能的包衣种子，宜采取病虫害防治前移药剂拌种。拌

2.5千克种子，具体操作中依据种子、密度大小适当增减。用种量参照种子发芽率上浮5%～10%。
肥、覆膜同步进行，播种种子（种苗）与施肥肥料距离5～10厘米。
（8厘米），覆土厚度一致，以保证苗齐

株较好，即行距60～70厘米（若宽窄行则宽行80厘米，窄行40～50厘米），株距20～25厘米。单粒机播则按密度要求在

上，绿肥还田、增施秸秆、缓释肥一次性深施技术的运用。
别20～25千克、8～10千克和6～8千克，土壤供肥力好偏低限，土壤肥力差偏高限。有机圈肥1 000～1 500千克/亩，秸秆

米；人工简易播种器播种，采用50千克/亩缓释肥作为底肥，深度为10厘米；根据玉米田间长势，于玉米小喇叭口至大

度为根层15～20厘米，以缓/控释性肥料为底肥与机播同步进行。一次性施肥后一般不再追肥，若在灌浆中发现供肥不

害。可选用杀草谱较广的茎叶处理除草剂，如50%硝磺草酮·乙草胺·莠去津SC，亩用制剂量180～210毫升或42%烟嘧乙酸OD，亩用制剂量100～120毫升，兑水40升，进行茎叶喷雾处理。施药时采用倒"N"字形走样均匀定向喷施，注30%以上。

悬浮剂、6%戊唑醇悬浮种衣剂按200毫升/100千克种子、21%戊唑·吡虫啉悬浮种衣剂药种比1∶100、10%戊唑·噻虫

浮或32%戊唑·嘧菌酯悬浮剂1 200倍，7～10天喷1次，视病情发展喷施2～3次。
1次，视病情发展喷施2～3次。
按120克/100千克种子；发病初期，喷施24%井冈霉素水剂1 500倍，7～10天喷1次，视病情发展喷施2～3次

千克进行包衣防治地老虎，苗期草地贪夜蛾和黏虫等鳞翅目害虫。
稳杆菌悬浮90毫升/亩或20%多杀霉素悬浮剂15克/亩施用防治草地贪夜蛾和黏虫等鳞翅目害虫。
黏虫

型收获机作业质量符合总损失率≤4%、籽粒破碎率≤1%、果穗含杂率≤1.5%、苞叶剥净率≥85%、残差高度≤100毫

施25千克/亩，追施尿素45千克/亩，减量23.63%，化肥利用率提高53%以上；每亩减施化学农药10克、减量33.3%。按范区内，每亩节约成本增效509.6元。目标产量：千亩示范片平均800千克/亩以上

减施增效栽培技术模式图

八、技术应用案例

该技术模式针对云南低纬高原山地玉米化肥农药减施增效关键技术瓶颈问题，进行相关科学技术集成、试验及示范。项目建立了省、市、县、乡、村部门联动机制，形成了适合云南的《低纬高原山地玉米化肥农药减施增效综合技术生产模式》，其模式为：高抗耐密绿色品种+黑膜覆盖+抗旱窝塘（"W"形沟）播+测土配方施肥+间种+病虫害绿色防控+套种绿肥。通过选用抗病耐瘠耐密玉米绿色品种，减轻玉米灰斑病和穗腐病的发生；采用黑膜覆盖抑制杂草和窝塘或"W"形集雨覆土抗旱栽培，减少芽后除草剂的使用每亩15毫升，每亩节约成本7元，每亩节水1.5米³，亩减少破膜放苗用工2个亩节约投入100元；通过玉米乳熟期套种绿肥，用地养地相结合，以及实施绿肥及玉米秸秆过腹还田替代化肥等，每亩节约尿素10千克，每亩节约成本25元。

自2015年以来，云南省每年推广该项技术200万亩，到2019年共推广1 000多万亩，共减少除草剂额使用150万升，节约投入7 000万元，节水1 500万米³，减少用工节约投入10亿元，减少尿素使用10万吨，增加效益2.5亿元。5年共节约增效13.2亿元。经济效益、生态效益和社会效益显著。

2019年在沾益区白水镇建设完成低纬高原山地粒用夏玉米化肥农药减施增效综合技术模式千亩核心示范区1片1 020亩。千亩精确示范区平均亩产802.8千克，比对照每亩660.5千克增产142.3千克，按当地玉米市场价2元/千克计，每亩增加产值284.6元；示范区内，每亩减施化肥20千克（普通种植底施13∶13∶9玉米专用肥施25千克/亩，追施尿素45千克/亩）、减量23.63%，"化肥利用率提高53%以上；每亩减施化学农药10克、减量33.3%。按市场农资价格计，每亩节约农药10元，节约化肥15元，每亩人工成本20元，每亩共节约成本225元。示范区内，每亩节约成本增效509.6元，项目区1 020亩共节约成本增效51.9万元，增产增效显著。

贵州省浅山区春玉米化肥农药减施增效生产综合技术模式

一、技术概况

本技术模式规定了贵州春玉米化肥农药减施增效生产春玉米生产条件、土地选择与整地、品种选择、种子处理、播种质量、田间管理、化学肥料选择和减施增效技术、病虫草害防治农药减施增效技术、成熟收获等相关操作技术规范。

二、技术要点

1. 播前准备

（1）土地选择及整地。

①环境条件：气候、土、水等作物生长环境符合《食用农产品产地环境质量评价标准》（HJ/T 332—2006）。

②整地：采用中型以上旋耕机整地，作业层深度≥12厘米，作业层深度合格率≥85%，层内直径大于4厘米的土块≤5%，地表残秆残留量≤200克/米²，表土细碎、地面平整、无板结且上虚下实等。

（2）品种选择。

①选择国家农作物审定委员会审定或贵州省农作物审定委员会审（认）定且适宜种植区域的玉米品种：宜选用紧凑或半紧凑型、熟期适中、耐密、抗倒、丰产、优质、抗（耐）主要病虫害，籽粒脱水快，适宜机播的品种，如盛农3号、靖丰8号等品种。种子经过分级且均匀度较好，能较好地匹配相应的排种器，并按照相关规定进行种子包衣。种子质量符合《粮食作物种子 第1部分：禾谷类》（GB 4404.1—2008）的规定。

②种子质量符合《粮食作物种子 第1部分：禾谷类》（GB 4404.1—2008）要求：采用机械播种，其发芽率不低于90%，单粒精播发芽率不低于95%。

（3）种子处理。

①清除杂质：清除小粒、秕粒、破粒、霉变粒和杂粒。

②晒种：播前在阳光下晒1～2天。

③种子药剂处理：采用氯虫苯甲酰胺或氯虫苯甲酰胺噻虫胺悬浮种衣剂对玉米种子进行包衣，晾干后进行播种，用于防治地下害虫、苗期草地贪夜蛾、黏虫等鳞翅目害虫。玉米病害防控首先选择抗病玉米品种，其次对于玉米根腐病、茎基腐病、丝黑穗病、纹枯病主要选择种衣剂进行种子包衣防治。

2. 播种

（1）播种期。

①育苗移栽：常规播种当地温度稳定在8～10℃后可以播种。3月下旬至4月上旬。

②直播生产：比育苗移栽延后10～15天。4月中旬以前，5～10厘米耕层温度稳定通过7～10℃，土

壤相对含水量达到70%左右即可播种。

（2）播种量。育苗移栽：每亩1.25~1.5千克种子。人工直播：每亩2.0千克种子。机械精准量播种：每亩1~1.25千克种子，具体操作中依据种子、密度大小适当增减。用种量参照种子发芽率上浮5%~10%。

（3）播种方式。人工播（栽）、机械播种方式中，播种与施肥同步进行，播种种子（种苗）与施肥肥料距离5~10厘米。

（4）播种深度。一般种子直播播种深度2~3厘米。若土壤墒情差、土壤黏重、颗粒大时可适当增加播种深度（10厘米），覆土厚度一致，以保证苗齐。

3. 栽培密度

合理密植是最大限度的利用光照、空气、养分，是实现高产栽培的中心环节。普通玉米以每亩2 600~3 300株较好，即行距80~100厘米（若宽窄行则宽行120~140厘米，窄行50~60厘米），株距20~25厘米。单粒机播则按密度要求在保持行距基础上调整株距。

4. 减肥增效生产技术

（1）减肥方式及减肥施用技术。

施用缓/控释肥、秸秆、绿肥：利用缓/控释肥的缓释功能、秸秆和绿肥改良土壤结构保水保肥优点，提高肥料利用率。本规程提出稳定性缓释肥应符合《稳定性肥料》（HG/T 4135—2010）。一般玉米籽粒产量500~600千克/亩（或全株生物产量4 000千克/亩）纯N、P_2O_5、K_2O用量分别15~18千克、6~8千克和4~6千克，土壤供肥力好偏低限，土壤肥力差偏高限。秸秆1 000千克/亩；绿肥500~600千克/亩。

（2）减肥生产管理。

一次性缓释肥机播生产。贵州山地玉米生产过程中，在保障产量的前提下，通过减量减次施肥，降低施肥成本（肥料和劳动力）、提高肥料利用效率，是提升玉米产业竞争力的重要环节。控释专用配方肥与机械化一次性施肥技术是实现减量减次的重要技术手段，是当前玉米生产的重要技术需求，有利于提高经济效益，降低成本与环境代价。贵州山地玉米控释配方肥一次性施用，可优化玉米生产资源投入、降低生产成本、提高环境效益和经济效益等。

采用缓释肥于播种时一次性机械化施入，在区域玉米养分专家优化推荐施肥（总养分氮238千克/公顷，P_2O_5 86.7千克/公顷，K_2O 108千克/公顷）。根据玉米养分专家NE（Nutrient Expert）系统推荐施肥技术，选用稳定性缓释肥（22-8-10）（贵州天宝丰生产）一次性施用72千克/亩，施用深度为根层10~20厘米，以缓/控释性肥料为底肥与机播同步进行。一次性施肥后一般不再追肥，若在灌浆中发现供肥不足，可采用追施尿素5~10千克/亩，施肥深度10~20厘米补肥。

5. 减药生产技术

（1）性诱杀技术。玉米出苗后，按1个/亩的密度安装诱捕器（草地贪夜蛾诱芯为生物技术研究所提供），诱捕器为中捷四方生产的桶式诱捕器；黏虫诱芯和诱捕器均为宁波纽康提供，对草地贪夜蛾进行和黏虫进行监测和诱杀。诱芯4~5周更换1次。

（2）除草剂减量使用技术。玉米苗后，田间大部分杂草2~4叶期时，在除草剂的推荐用药剂量基础上减量30%，添加助剂增强除草剂在杂草植株表面的展布、附着力和渗透力。先配制好试验药剂，再加入助剂，静置5~10分钟均匀喷雾。药后30天、45天调查杂草株防效，45天时增加杂草鲜重防效调查。

（3）多靶标减量减次用药技术。在黏虫或草地贪夜蛾发生较轻时，于玉米喇叭口期，施用20亿个/毫升甘蓝夜蛾核型多角体病毒悬浮剂或100亿个孢子/毫升短稳杆菌悬浮剂或20%多杀霉素悬浮剂，同时防治草地贪夜蛾和黏虫等鳞翅目害虫。发生严重时，可在当地农技人员指导下用药进行应急防治。

6. 收获

籽粒完熟、乳线消失，收穗时籽粒含水率≤30%，收粒时籽粒含水率≤25%。收穗型收获机作业质量符合总损失率≤4%、籽粒破碎率≤1%、果穗含杂率≤1.5%、苞叶剥净率≥85%、残差高度≤100毫米。收粒型收获机作业质量符合总损失率≤5%、籽粒破碎率≤5%、含杂率≤3%、残差高度≤100毫米。

三、适宜区域

本规程适用于贵州省相对高差小于300米低山丘陵春玉米生产地区。玉米生长期见图1至图6。

图1　苗期

图2　拔节期

图3　套种

图4　除草剂效果

图5　缓释肥收获期

图6　习惯施肥收获期

四、效益分析

示范区化肥利用率提高15%，化学农药利用率提高15%，减施化肥20%，减施农药30%以上，玉米产量增加5%以上。目标产量：千亩示范片平均600千克/亩。

五、注意事项

一是播种机选择时，选用2～4行精量播种机，一次完成开沟施肥、播种、覆土、镇压等工序，株距12～31厘米可调，行距50～75厘米可调，播深4～6厘米可调。播种作业质量符合单粒率≥85%，空穴率<5%，粒距合格率≥80%，行距左右偏差≤4厘米，碎种率≤1.5%。肥料在种子下方，离种子5厘米以上。

二是在进行种子包衣时，应按照具体种衣剂的有效成分含量进行包衣，剂量加大易造成玉米苗药害。

三是施用除草剂时，杂草应在2～4叶期，施药应选择在晴天的10：00左右或16：00以后，施药后至少要保证4小时内不下雨。

四是施用杀虫剂前应根据性诱剂的监测情况和田间实地调查来确定施药时间。一般选在在鳞翅目害虫3龄以前进行施药，施药时间选择晴天上午或16：00以后，施药后至少要保证4小时内不下雨。

六、技术依托单位

单位名称1：贵州省土壤肥料研究所

联系人：赵欢、肖厚军

电子邮箱：zhaohuancnm@163.com

单位名称1：贵州省植物保护研究所

联系人：李鸿波、黄露、冉海燕

电子邮箱：gzlhb2017@126.com

七、贵州浅山区春玉米化肥农药减施增效生产综合技术模式图

月份	3	4			5			6		
	下	上	中	下	上	中	下	上	中	下
节气	春分	清明		谷雨	立夏		小满	芒种		夏至

品种及产量构成		主要品种：盛农3号、靖丰8号等 产量构成：每亩3 200穗以上，每穗600～700粒，千粒重320～350克，单穗粒重200克左右
生育时期		**播种：**3月下旬至4月中旬　　　**出苗：**5月上旬至5月中旬　　　**拔节：**6月中旬
播前准备	选地	土地选择符合《食用农产品产地环境质量评价标准》（HJ/T 332—2006）
	整地	采用中型以上旋耕机整地，作业层深度≥12厘米，作业层深度合格率≥85%，层内直径大于
	精选种子	播前精选种子，选择国家农作物审定委员会审定或贵州省农作物审定委员会审（认）定且适脱水快，适宜机播的品种。种子经过分级且均匀度较好，能较好地匹配相应的排种器，并按播种其发芽率不低于90%，单粒精播发芽率不低于95%
	种子处理	播前进行杂质清除（清除小粒、秕粒、破粒、霉变粒和杂粒）；晒种［播前在阳光下晒1～种药剂采用噻虫嗪+精甲霜灵+精甲霜灵·咯菌腈（快苗）］
精细播种		①播种量：育苗移栽为每亩1.25～1.5千克种子。人工直播为每亩2.0千克种子。机械精准量播种为每亩 ②播种方式：人工播（栽）、机械播种方式中，播种与施肥同步进行，播种种子（种苗）与施肥肥料距离 ③播种深度：一般种子直播播种深度播深2～3厘米。若土壤墒情差、土壤黏重、颗粒大时可适当增加播种
合理密植		合理密植是最大限度地利用光照、空气、养分，是实现高产栽培的中心环节。普通玉米以每亩2 600～3 300要求在保持行距基础上调整株距
科学施肥		①施肥原则：根据"平衡施肥"的高产轻简化施肥原则，确定多元素肥料的配方及施用方法。肥料运筹 ②施肥量：一般玉米籽粒产量500～600千克/亩（或全株生物产量4 000千克/亩）纯N、P₂O₅、K₂O用量分别 ③施肥方式：缓释释肥深施技术。采用缓/控释肥于播种时一次性机械化施入，选用稳定性缓释肥（22-8-不再追肥，若在灌浆中发现供肥不足，可采用追施尿素5～10千克/亩，施肥深度10～20厘米补肥
病虫害防治	防治杂草	玉米苗后，杂草2～4叶期是及时喷施茎叶处理除草剂可有效控制杂草对玉米生长造成的危害。磺隆·莠去津·异丙草胺OD，亩用制剂量180～200毫升或28%烟嘧磺隆·莠去津·氯氟吡氧开大风、降雨天气施药
	防治病害	①丝黑穗病：选用抗病品种；采用种衣剂包衣，玉米播种前用10%精甲·戊·嘧菌种子处理嗪悬浮种衣剂2 000克/100千克种子进行包衣。 ②大、小斑病：选用抗病品种；发病初期，用30%肟菌·戊唑醇悬浮剂、25%吡唑醚菌酯悬 ③灰斑病：选用抗病品种；发病初期，用75%肟菌·戊唑醇水分散粒剂3 000倍，7～10天喷 ④纹枯病：选用抗病品种；采用种衣剂包衣，玉米播种前用30%吡醚·咯·噻虫悬浮种衣剂 ⑤锈病：选用抗病品种；发病初期，喷施30%肟菌·戊唑醇悬浮剂1 200倍、15%三唑酮可湿 ⑥根腐病：选用抗病品种；采用种衣剂包衣，玉米播种前用26%噻虫·咯·霜灵悬浮种衣剂 ⑦茎基腐病：选用抗病品种；采用种衣剂包衣，玉米播种前用6%咯菌腈·嘧菌酯·噻虫嗪种
	防治虫害	①种衣剂防治：播种前，采用50%的氯虫本甲酰胺种衣剂或40%氯虫噻虫胺种衣剂300克 ②生物杀虫剂防治：在害虫3龄以前，按20亿个/毫升甘蓝夜蛾核型多角体病毒悬浮剂按75毫 ③化学防治：种群密度较高时，采用5%甲维高氯氟水乳剂按30毫升/亩进行防治草地贪夜蛾
适时收获		保证9月10日以后收获，籽粒完熟、乳线消失，收穗时籽粒含水率≤30%、收粒时籽粒含水率≤25%。收穗收粒型收获机作业质量符合总损失率≤5%、籽粒破碎率≤5%、含杂率≤3%、残差高度≤100毫米
效益分析		该技术模式与常规技术相比，平均每亩减少用工成本22元；减少化学农药使用2～3次；示范区内每亩实测计每亩节本增效116.5元，达到节本增效的目的。目标产量：千亩示范片平均600千克/亩

图7　贵州浅山区春玉米化肥农药

7			8			9			10
上	中	下	上	中	下	上	中	下	上
小暑		大暑	立秋		处暑	白露		秋分	寒露

抽雄、散粉、吐丝：7月中旬至7月下旬　　　　**成熟、收获：9月下旬至10月上旬**

4厘米的土块≤5%，地表残秆残留量≤200克/米²，表土细碎、地面平整、无板结且上虚下实等

宜种植区域的玉米品种。宜选用紧凑或半紧凑型、熟期适中、耐密、抗倒、丰产、优质、抗（耐）主要病虫害，籽粒
照相关规定进行种子包衣。种子质量符合《粮食作物种子 第1部分：禾谷类》（GB 4404.1—2008）的规定。采用机械

2天；种子药剂处理（对未包衣种子或不具备病虫害防治前移功能的包衣种子，宜采取病虫害防治前移药剂拌种。拌

1~1.25千克种子，具体操作中依据种子、密度大小适当增减。用种量参照种子发芽率上浮5%~10%。
5~10厘米。
深度（10厘米），覆土厚度一致，以保证苗齐

株较好，即行距80~100厘米（若宽窄行则宽行120~140厘米，窄行50~60厘米），株距20~25厘米。单粒机播则按密度

上，增施秸秆、缓释肥一次性深施技术的运用
15~18千克、6~8千克和4~6千克，土壤供肥力好，偏低限，土壤肥力差，偏高限
10）一次性施用72千克/亩，施用深度为根层10~20厘米，以缓/控释性肥料为底肥与机播同步进行。一次性施肥后一般

可选用杀草谱较广的茎叶处理除草剂，如50%硝磺草酮·乙草胺·莠去津SC，亩用制剂量180~210毫升或42%烟嘧
乙酸OD，亩用制剂量100~120毫升，兑水40升，进行茎叶喷雾处理。施药时采用倒"N"字形走样均匀喷施，注意避

悬浮剂、6%戊唑醇悬浮种衣剂按200毫升/100千克种子、21%戊唑·吡虫啉悬浮种衣剂药种比1∶100、10%戊唑·噻虫

浮或32%戊唑·嘧菌酯悬浮剂1 200倍，7~10天喷1次，视病情发展喷施2~3次。
1次，视病情发展喷施2~3次。
按120克/100千克种子；发病初期，喷施24%井冈霉素水剂1 500倍，7~10天喷1次，视病情发展喷施2~3次。
性粉剂1 000倍、30%己唑醇悬浮剂7 000倍，7~10天喷1次，视病情发展喷施2~3次。
700克/100千克种子。
子处理悬浮剂2 000克/100千克种子、10%精甲·戊·嘧菌悬浮种衣剂200毫升/100千克种子进行包衣

ai/100千克进行包衣防治地老虎，苗期草地贪夜蛾和黏虫等鳞翅目害虫。
升/亩或100亿个孢子/毫升短稳杆菌悬浮90毫升/亩或20%多杀霉素悬浮剂15克/亩施用防治草地贪夜蛾和黏虫等鳞翅目害虫。
和黏虫

型收获机作业质量符合总损失率≤4%、籽粒破碎率≤1%、果穗含杂率≤1.5%、苞叶剥净率≥85%、残差高度≤100毫米。

产量731.75千克/亩，较农民自防区（688.81千克/亩），增产每亩增产约42.94千克，按2.2元/千克计算，增收94.5元；累

减施增效生产综合技术模式图

八、技术应用案例

1. 化肥减施技术案例

贵州省土壤肥料研究所于2018年在贵州省黔西县观音洞镇黄泥村建立贵州春玉米千亩精确核心示范区1个，进行贵州春玉米控释肥一次性深施技术的示范推广，项目累计辐射推广面积7.8万亩，根据农业农村部丰收计划推广项目经济效益计算方法（方法二）（面积×0.9）进行计算，缩值后保收面积为7.0万亩，示范区控释肥一次性深施技术（NE系统推荐用量）较习惯施肥化肥（氮肥）施用量减少25.2%，肥料利用率提高18.7%。控释肥一次性深施技术区玉米平均产量为647.7千克/亩，较习惯施肥区平均产量583.9千克/亩，增产63.8千克/亩，增产10.9%。按2.2元/千克，缩值系数0.7计算，总产值为6 982万元，通过一次性施肥降低劳动成本+常规化肥成本+玉米增产效益-控释肥成本，每亩增收114.6元，按收益缩值系数0.7计，缩值后新增经济效益561.5万元，通过在项目区建立新型技术推广模式，探索"农科推""科企社"等推广机制模式，示范区玉米施肥水平得到提高，取得显著的经济、社会效益。

2. 农药减施增效技术案例

实施地点：贵州省黔西县观音洞镇

创建特点：根据当地农民种植习惯和病虫草害发生特点，优选高产抗逆品种，以病虫害的发生监测为基础，开展玉米病虫草害的化学农药减施技术研究与示范，达到节本增效的目的。

开始实施时间：2018年

主要实施技术要点如下。

种衣剂控害技术：采用氯虫苯甲酰胺或氯虫苯甲酰胺噻虫胺悬浮种衣剂对玉米种子进行包衣防治地下害虫、苗期草地贪夜蛾、黏虫等鳞翅目害虫。玉米病害防控首先选择抗病玉米品种，其次对于玉米根腐病、茎基腐病、丝黑穗病、纹枯病主要选择种衣剂进行种子包衣防治。

性诱杀技术：玉米出苗后，按1个/亩的密度安装诱捕器（草地贪夜蛾诱芯为生物技术研究所提供，诱捕器为中捷四方生产的桶式诱捕器；黏虫诱芯和诱捕器均为宁波纽康提供），对草地贪夜蛾和黏虫进行监测和诱杀。诱芯4~5周更换1次。

除草剂减量使用技术：玉米苗后，田间大部分杂草2~4叶期时，在除草剂的推荐用药剂量基础上减量30%，添加助剂增强除草剂在杂草植株表面的展布、附着力和渗透力。先配制好试验药剂，再加入助剂，静置5~10分钟均匀喷雾。药后30天、45天调查杂草株防效，45天时增加杂草鲜重防效调查。

多靶标减量减次用药技术：在黏虫或草地贪夜蛾发生较轻时，于玉米喇叭口期，施用20亿个/毫升甘蓝夜蛾核型多角体病毒悬浮剂或100亿个孢子/毫升短稳杆菌悬浮剂或20%多杀霉素悬浮剂，同时防治草地贪夜蛾和黏虫等鳞翅目害虫。发生严重时，采用甲维高氯氟水乳剂进行应急防治。

推广机制：采用"农科推""科企社"等推广机制模式推广玉米化学农药的减施增效技术。

技术优势：与常规技术相比，平均每亩减少用工成本22元；减少化学农药使用2~3次；示范区内每亩实测产量731.75千克/亩，较农民自防区（688.81千克/亩），增产每亩增产约42.94千克，按2.2元/千克计算，增收94.5元；累计每亩节本增效116.5元，达到节本增效的目的。

广西秋玉米化肥农药减施技术集成模式

一、技术概况

根据广西秋玉米生产季节前期多雨、后期干旱等气候特点，以及草地贪夜蛾为害严重、农村劳动力不足、种植地块相对较小且多为丘陵地带等特点，研发集成了"秸秆还田+免耕+一次性施缓释肥和药肥+苗后施用除草剂加有机硅助剂+适时防虫+小型水稻收割机进行籽粒收获"的生产模式，达到节本增收、减少化肥及化学农药的使用的目的，并带动广西秋玉米化肥农药减施技术的推广应用。

二、技术要点

1. 选择抗逆性好、耐瘠薄、稳产型品种

因地制宜选择适合当地栽培的抗逆、高产、耐瘠薄玉米品种，建议优先种植广西区试对照品种或广西农业农村厅推荐的"广西农业主导品种"。目前广西玉米区域试验及生产试验对照种为"桂单162"，该品种具有适应性广、耐瘠薄、耐涝、耐旱、耐阴、稳产、抗病性好等特点。近年来，广西农业主导品种有桂单162、桂单0810、桂单166、兆玉200、桂单662、桂单905、正大808、正大719、先达907等。

2. 使用长效缓释复合肥进行一次性深施

建议选择长效缓释肥，如天宝丰增效缓释型复合肥料（N：P：K=24：6：10）、奥尔施复合肥料（N：P：K=22：8：10）、万植有机复合肥（N：P：K=18：7：15），以及其他缓释型复合肥。另外，根据2019年后草地贪夜蛾在广西的发生情况，建议在施用基肥时，加入主要成分为"0.2%杀单·噻虫嗪"的药肥替代1/3～1/2的基肥。

施肥方法：采用基肥一次性深施法，即在玉米播种时一次性施肥，后期不再追肥。每亩施肥44～55千克肥料，与种子距离5厘米以上。

3. 根据季节及时备耕

广西秋玉米播种季节雨水多，应及时抢晴备耕。

（1）前茬玉米秸秆的处理。人工砍伐前茬秸秆，平铺于原玉米行间。该还田方式可防除杂草、减少土壤水分蒸发以及减少除草剂用量（减少约40%的除草剂用量）。

（2）除草。播种前根据田间杂草发生情况，选择是否需要使用除草剂或者人工除草。如果需要喷施除草剂，则参照技术要点4，建议只对上茬种植行进行喷雾，对秸秆覆盖区域不必进行喷药除草。

（3）开行/穴。免耕播种一般采用人工开行/穴，播种穴位于上茬玉米行中的两株之间，穴长为15～20厘米，深为15～20厘米。广西秋玉米播种季节为7月中下旬至8月中旬，该季节广西受台风影响，降水偏多，免耕播种时，种植行因上茬玉米培土形成了一条龟背形的垄，有利于排水，避免了因积水过多造成缺苗，还可节约生产费用（图1）。

图1　广西秋玉米免耕播种

4. 播种时合理密植，保证收获果穗量

采用人工穴播法。种植密度为每亩3 500株左右（行距70厘米则株距27.2厘米；行距60厘米则株距31.8厘米）。采用单行单株或者单行双株的种植模式。播种量：2粒—3粒—2粒，可减少后期间苗工作量。播种时同时施用缓释肥和防虫药肥，肥料与种子至少距离5厘米。

5. 根据当地地下害虫发生情况适时间苗

在玉米出苗后10～15天，即玉米4～7片叶子时，可进行间苗作业，如蝼蛄、地老虎等地下害虫发生较重的地块，可适当延迟间苗期至8片叶子。如遇到未出苗的种植穴，可在相邻一穴多留一株。

6. 采用除草剂减量减次的方法进行杂草防除

根据种植地块历年杂草生长情况及上茬玉米杂草生长情况，选择合理的除草方法。在前茬玉米收获后杂草密度较小且多数枯萎的地块，在处理秸秆时，采用人工除草即可；杂草密度较大且生长旺盛的地块，建议采用除草剂除草（图2）。

图2　秸秆还田于上茬玉米行间苗期情况

广西秋玉米播种期雨水充沛，温度高，种子萌芽快，建议采用播后苗前封闭的方式除草，如播种后遇到下雨天气不适宜使用除草剂，可在玉米出苗后2～5叶期采用茎叶除草的方式除草，推荐在使用过程中加入助剂，除草剂的用量按照以下推荐用量的70%使用。

（1）播后苗前除草剂选择及使用。选择剂乙草胺、精异丙甲草胺等酰胺类除草剂。

（2）茎叶处理剂选择及使用。选用氯氟吡氧乙酸（异辛酯）、2,4-D（异辛酯）防除阔叶杂草和烟嘧磺隆、硝磺草酮、苯吡唑草酮、唑酮草酯、噻吩磺隆和辛酰溴苯腈防除禾本科杂草及阔叶杂草。同时，应根据土壤墒情和气候条件选择处理方式，并依据田间杂草种群组成，合理混用，扩大杀草谱。混剂可以考虑烟嘧磺隆·莠去津、硝磺草酮·莠去津、硝磺草酮·烟嘧磺隆·莠去津、烟嘧磺隆·莠去津、烟嘧磺隆·莠去津·氯氟吡氧乙酸等。

（3）助剂选择。推荐使用多元醇型非离子表面活性剂（四川蜀峰作物有限公司）、有机硅类助剂（如南京龙潭精细化工有限公司的乙氧基改性聚三硅氧烷和美国迈图公司的杰效利等）、德国巴斯夫公司的除草剂专用助剂和其他天然产物类等。

7. 重点防治草地贪夜蛾，兼治玉米螟

针对广西目前主要防治对象为草地贪夜蛾、玉米螟和蚜虫的特点，在上茬玉米受草地贪夜蛾为害的区域，推荐播种时使用"0.2%杀单·噻虫嗪"药肥替代一半基肥，或每亩在基肥中拌入1千克"2%噻虫·氟氯氢"颗粒剂。出苗后，田间出现为害状且受害率达到10%后，使用"甲维·氟铃脲"或者"核多角体病毒+灭幼脲"或"虫螨·茚虫威+灭幼脲"进行喷雾防治，用药7天后，如果新出现的为害率达到10%则需要重复用药。用量按推荐使用量。如蚜虫发生严重，可在使用药剂时，加入吡虫啉。另外，在播种前一周左右，安放草地贪夜蛾专用诱捕器（图3），每公顷安放20～30个，在播种前7天安放，提前诱杀草地贪夜蛾成虫，减少产卵量，诱芯在使用40～45天后更换一次，可减少至少一次用药。

图3 草地贪夜蛾诱捕器及诱捕效果

8. 采用小型稻麦收获机对玉米进行籽粒收获及秸秆粉碎还田

采用小型稻麦收获机对玉米进行籽粒收获及秸秆粉碎还田技术为本研究团队首次探索发现，通过

在小型水稻、小麦收获机上安装一块踏板（部分机型无须安装），可实现对玉米籽粒收获、秸秆粉碎还田作业（图4、图5）。

图4　稻麦收割机用于玉米籽粒收获

图5　稻麦收割机用于玉米籽粒直收效果

该玉米籽粒收获方法的优点：对收获时玉米籽粒的含水量要求不高，水分含量在36%时都可以收获；漏收率低，可收获倒伏玉米；损失率小，田间无籽粒掉落，收获后的籽粒破损率在6%以内；机器为履带式小型机器，宽约2米，长约4米，机动性及灵活性好，适合南方山地及丘陵地区的小地块作业；对玉米种植是否成行要求不高，可收获植株任意排列种植的玉米；作业效率高，每小时可收获7~10亩；节约成本，人工收获每公顷需要约30个人工，费用为3 000~4 500元，利用水稻收割机收获每公顷约1 500元，每公顷可节为1 500~3 000元，还可省去了秸秆机械还田的费用（秸秆机械还田每公顷约1 950元）。

该玉米籽粒收获方法的缺点：对植株高大的品种，收获后留下的茬秆较高；收获的籽粒中含有粉碎的秸秆杂质较多，需要及时晾晒及风选。

三、适宜区域

该技术适合全广西秋玉米种植区域。

四、效益分析

传统种植法的投入（按每亩计算）：种子（55元）+化肥（235元）+农药（目前草地贪夜蛾发生严重的一般需要打3次药，约90元，人工60元，共150元）+整地（120元）+播种（120元）中耕（180元）+大培土（180元）+收获（200元）+秸秆处理（130元）≈1 370元。

本技术集成方法的投入（按每亩计算）：种子（55元）+化肥（165元）+杀虫剂（防虫1~2次，30~60元，人工20~40元，共50~100元）+草地贪夜蛾诱捕器65元+除草及助剂（60元）+整地（120元）+播种（120元）+收获（130元）≈810元技术集成示范比传统种植法减少投入（包括劳动力成本）每公顷节约8 400元，产量每公顷6 823千克，比传统种植区（每公顷6 280千克）每公顷增产543千克，增产率8.6%，每公顷增收约1 086元。农药用量比传统种植法减少35.9%，化肥用量比传统种植法减少28.2%。

五、注意事项

技术有关注意事项，如机械要求、密度变化、地力要求、用药禁忌、茬口要求等。

一是保苗量是影响玉米产量的关键因素，在玉米出苗后，根据出苗情况及时移苗补苗，保证每公顷达到5.0万株以上。

二是玉米生长期出现无法判断的病虫害，应及时向当地农技推广部门咨询，寻求解决办法，切忌自我主张使用农药。

六、技术依托单位

单位名称：广西壮族自治区农业科学院玉米研究所

联系人：唐照磊

电子邮箱：tzlgxu@aliyun.com

七、广西秋玉米化肥农药减施技术集成模式图

月份	7	8			9		
	下	上	中	下	上	中	下
节气	大暑	立秋		处暑	白露		秋分

品种及产量构成		主要品种：桂单162、桂单0810、桂单166、兆玉200、桂单662、桂单905、正大808、正大719、 产量构成：每亩3 500穗以上，每穗500~600粒，千粒重320~400克，单穗粒重140~200克
生育时期		**播种**：桂北7月下旬前，桂中8月上旬前，桂南8月中旬　　**出苗**：7月下旬至8月
播前准备	选地	选择土层深厚、土壤物理性状好，20厘米以下的土层呈上实下虚状态，土壤有机质含
	整地	春玉米收获后，秸秆采用机械还田或人工全株还田于上茬玉米行间，可防除杂草、减
	精选种子	播前精选种子，确保种子纯度≥98%，发芽率≥90%，发芽势强，籽粒饱满均匀，无
	种子处理	购买商业种无须进行种子处理
精细播种		采用人工穴播法。种植密度为每亩3 500株左右（行距70厘米则株距27.2厘米；行距60厘米则株距 施用缓释肥和防虫药肥，肥料与种子至少距离5厘米
合理密植		广西秋玉米种植密度建议每公顷种植5.00万~5.25万株。定苗时，要多留10%苗，留大苗、壮苗， 议推迟间苗、定苗时间至7叶期；及时去除病株和无效株
科学使用缓释肥		建议选择长效缓释肥，如天宝丰增效缓释型复合肥料（N：P：K=24：6：10）、奥尔施复合 年后草地贪夜蛾在广西的发生情况，建议在施用基肥时，加入主要成分为"0.2%杀单·噻虫嗪" 追肥。每公顷施肥660~825千克（折合纯氮、磷、钾分别为每公顷约165千克、60千克、75千克），
灌溉		广西秋玉米生产季节前期高温多雨，注意排水，中后期容易出现干旱，抽雄前后15天是玉米需水 浇水补灌
病虫害防治	防治杂草	播种后及时喷施化学除草剂。一般可用40%乙阿合剂（每亩200毫升，兑水45~60千 杂草1~2叶期喷施。喷药时应退着均匀喷雾于土壤表面，切忌漏喷或重喷，以免药效
	防治病害	①纹枯病：广西河池、贵港、柳州等玉米产区玉米纹枯病发生较重，在历年重病地 ②南方锈病：玉米南方锈病是广西秋玉米的主要病害，建议选择种植具备中抗以上的 醇悬浮剂或25%丙环唑乳油或25%嘧菌酯悬浮剂进行喷雾，浓度根据购买药剂的推荐 ③大、小斑病：广西秋玉米生产中，河池、百色等市县容易发生大、小斑病为害，建 初发期，用50%多菌灵500倍液喷雾，每隔5天喷1次，连喷2~3次，或用25%已
	防治草地贪夜蛾	自2019年开始，草地贪夜蛾成为广西玉米生产上的主要虫害，发生代数多，成虫产卵 螟、棉铃虫等鳞翅目害虫也有较好的防治效果，可达到一喷多治的目的。 ①赤眼蜂防治：在秋玉米出苗后，田间出现卵块时，释放短管赤眼蜂防治草地贪夜 ②安放草地贪夜蛾诱捕器：每公顷安放20~30个，在播种前7天安放，提前诱杀草地 ③药剂防治：在虫害初发期间使用杀虫剂进行喷雾防治，可选择的单剂杀虫剂有乙基 菌素苯甲酸盐·茚虫威、甲氨基阿维菌素苯甲酸盐·氟铃脲、甲氨基阿维菌素苯甲酸 酸盐·虫酰肼、氯虫苯甲酰胺·高效氯氟氰菊酯、除虫脲·高效氯氟氰菊酯、氟铃 氟苯虫酰胺·甲氨基阿维菌素苯甲酸盐、甲氧虫酰肼·茚虫威。生产上要注重农药的
适时收获		保证12月15日以后收获，使玉米籽粒充分成熟，降低籽粒含水率，增加百粒重，提高玉米产量。
效益分析		该技术集成示范比传统种植法减少投入（包括劳动力成本）每公顷节约8 400元，产量每公顷6 823 用量比传统种植法减少28.2%

图6　广西秋玉米化肥农药

10			11			12	
上	中	下	上	中	下	上	中
寒露			霜降	立冬		小雪	大雪

先达907等

拔节：9月上旬至9月中旬　　　抽雄、散粉、吐丝：10月上旬至10月中旬　　　成熟、收获：12月上旬至12月中旬

量1.5%以上，速效氮100毫克/千克左右，速效磷20毫克/千克左右，速效钾100毫克/千克左右的地块

少土壤水分蒸发以及减少除草剂用量（减少约40%的除草剂用量）

破损粒和病粒。建议选择购买正规种业公司生产的种子，且包装上具有正规审定号及二维码溯源追踪来源的种子

31.8厘米）。采用单行单株或者单行双株的种植模式。播种量：2粒—3粒—2粒，可减少后期间苗工作量。播种时同时

以提高保株成穗率。辅助措施包括：3叶期及时间苗、5叶期及时定苗，留大苗、壮苗、齐苗，蝼蛄及地老虎高发区建

肥料（N：P：K=22：8：10）、万植有机复合肥（N：P：K=18：7：15），以及其他缓释型复合肥。另外，根据2019的药肥替代1/3～1/2的基肥。施肥方法：采用基肥一次性深施法，即在玉米播种时一次性施肥于种植沟/穴中，后期不再肥料与种子距离5厘米以上

的关键时期，此期若缺水会造成果穗秃尖、少粒，降低粒重，造成减产。因此，此期若降雨偏少，出现旱情，应及时

克）或玉草灵（每亩160～180毫升，兑水30～45千克）等进行封闭。玉草灵还可用于苗后处理，但应在玉米2叶1心前、不好或发生局部药害。另外，注意不要在雨前或有风天气进行喷药

块，可采用井冈霉素+枯草芽孢杆菌+有机硅助剂进行防治，在拔节期和大喇叭口期分别喷雾一次。
品种（可在种子包装袋上查看品种的抗病特性）。如种植感病品种，可在病害发生初期用43%戊唑醇悬浮剂或5%己唑浓度使用。
议首先选择种植抗病等级达到中抗以上的品种（可在种子包装袋上查看品种的抗病特性）。如种植感病品种，在病害唑·嘧菌酯在拔节中后期进行喷雾，药剂使用剂量为每公顷225～300毫升

量大，且具有迁飞性，生产上必须采取防治措施才能保证玉米生产的安全收获。同时防治草地贪夜蛾的杀虫剂对玉米

蛾，间隔5天后进行第二次放蜂（每亩放蜂1.5万头、1个放蜂点）。
贪夜蛾成虫，减少产卵量，诱芯在使用40～45天后更换一次。
多杀菌素、茚虫威、甲维盐、虱螨脲、虫螨腈、氯虫苯甲酰胺等高效低风险农药。可选择的复配杀虫剂有甲氨基阿维盐·高效氯氟氰菊酯、甲氨基阿维菌素苯甲酸盐·虫螨腈、甲氨基阿维菌素苯甲酸盐·虱螨脲、甲氨基阿维菌素苯甲脲·茚虫威、甲氨基阿维菌素苯甲酸盐·甲氧虫酰肼、氯虫苯甲酰胺·阿维菌素、甲氨基阿维菌素苯甲酸盐·杀铃脲、交替使用、轮换使用、安全使用，延缓抗药性产生，提高防控效果

收获时建议采用水稻收割机进行收获，效率高，效果好

千克，比传统种植区（每公顷6 280千克）每公顷增产543千克，增产率8.6%。农药用量比传统种植法减少35.9%，化肥

减施技术集成模式图

八、技术应用案例

实施地点：广西壮族自治区河池市金城江区加辽村

实施时间：2019年秋季

主要技术要点：采用秸秆整株还田于上茬玉米行间，玉米播种于上茬玉米行两株之间的空地。使用长效缓释复合肥。采用播种前安放草地贪夜蛾性诱捕器+生长期适时喷施微生物杀虫剂防治草地贪夜蛾，杀虫剂中加入有机硅助剂，杀虫剂用量按照推荐浓度减少30%。出苗后使用苗后除草剂+助剂（多元醇型非离子表面活性剂），减少30%的除草剂用量。

推广模式：建立了"科、企、推+自然村"的联动机制，保证了技术集成模式的顺利实施。以广西农业科学院玉米研究所为技术支撑单位，为示范区进行种植模式规划及技术指导；贵州天宝丰原生态农业科技有限公司以公司生产的高效缓释复合肥保证了该种植模式的顺利开展，并及时为农户讲解产品特点及使用技术；以河池市金城江区农业技术推广站作为技术实施单位，该部门作为当地新品种新技术的推广部门，具有广大的群众基础，技术被接受程度高，新产品新技术推广阻力小；技术示范在自然村集中实施，当地农户对新产品新技术接受率高，保证了技术模式的顺利开展。

技术集成示范比传统种植法减少投入（包括劳动力成本）每公顷节约8 400元，产量每公顷6 823千克，比传统种植区（每公顷6 280千克）每公顷增产543千克，增产率8.6%。农药用量比传统种植法减少35.9%，化肥用量比传统种植法减少28.2%。

低纬高原山地玉米化肥农药减施增效综合技术模式

一、技术概况

针对云南干湿季节分明，山地玉米生长前期处于旱季，生长发育所需水分不足，种植土壤肥力差，化肥施用不合理，养分流失严重，病虫害多样和农药施用不科学等问题，立足于云南山地玉米生产实际情况，以生产实践中可用且农户易于接受的绿肥、秸秆、农用有机肥为基肥材料，改传统多次施用的过量普通肥料为一次性底施适宜量的缓释肥，整个生产过程尽量采用农业机械化提高效率，采用覆膜栽培保证玉米生长前期的湿度和温度。该技术模式简单有效易操作，利用多种基肥材料提高玉米生长前期的土壤水分和提供给玉米整个生长季的长效养分，利用一次性底施适宜量的缓释肥按玉米养分需求规律来提供养分，减少了劳动力投入，减少了追肥不当而引起的养分流失，保障了减药减肥不减产，节本增效，提高了化肥和农药的利用效率。该技术模式适宜于西南山地玉米种植区域，特别适宜于云南省干湿季节分明的山地玉米种植区或其他类似地区。

二、技术要点

1. 品种选择

玉米品种选择国家农作物审定委员会审定或云南省农作物审定委员会审（认）定且适宜种植区域的玉米品种。选用紧凑或半紧凑型、熟期适中、耐密、抗倒、丰产、优质、抗旱、抗（耐）主要病虫害、籽粒脱水快、适宜机播的品种，如靖单15、靖玉1号等品种。

2. 种子选择与处理

为保证出苗率高，苗齐苗壮，播种前对种子进行精选，去除破碎粒、小粒和异性粒等，选用大小均匀的饱满籽粒，经过分级且均匀度较好，并按照相关规定进行了种子包衣。对未包衣种子或不具备病虫害防治前移功能的包衣种子，宜采取病虫害防治前移药剂拌种。拌种药剂采用吡虫啉（高巧）+氰烯菌酯+戊唑醇+精甲霜灵·咯菌腈（快苗）。

3. 耕地整地

（1）缓释肥机播生产模式。采用旋耕机整地，使耕地平整、表土细碎、无板结且上虚下实等。

（2）缓释肥+绿肥还田生产模式。采用旋耕机整地，整地时将备用的绿肥材料翻压入土，两次旋耕，使耕地平整、表土细碎、无板结，使绿肥材料均匀混合于土壤中。绿肥材料为冬闲种植全量还田。

（3）缓释肥+秸秆还田生产模式。采用旋耕机整地，整地时将备用的秸秆材料翻压入土，两次旋耕，使耕地平整、表土细碎、无板结，使秸秆材料均匀混合于土壤中。秸秆材料量为全量还田。

（4）缓释肥+农用有机肥生产模式。采用旋耕机整地，整地时将备用的农用有机肥翻压入土，两次旋耕，使耕地平整、表土细碎、无板结，使农用有机肥均匀混合于土壤中。农用有机肥用量为2 250千克/公顷。

4. 播种时间

玉米种植时间为当地规范化种植时间，一般播种时间在4月底以前。种植时间应与降雨时间相配合，也可提前播种等雨。

5. 种植规格和播种方式

种植规格为宽窄行种植或等行距种植，具体宽度与当地规范化种植为准。一般等行距种植行距50~80厘米，株距20~25厘米；宽窄行种植行距宽行为80~120厘米，窄行为50~60厘米，株距20~25厘米。

播种方式为条播或塘播，一般推荐塘播，人工播种种子用量为30~37.5千克/公顷，每塘播种3~4颗种子，齐苗后留2株；机械化精准量播种量为18.75~22.5千克/公顷，具体操作中依据种子、密度大小适当增减（图1）。

图1　精密单粒机械化播种

根据品种和当地习惯以及单一种植玉米或套种其他作物等不同的种植模式，玉米种植密度为60 000~82 500株/公顷。

一般种子播种深度为2~3厘米。若土壤墒情差、土壤黏重、颗粒大时可适当增加播种深度，覆土厚度一致，以保证苗齐。

6. 施肥和灌溉

（1）缓释肥机播生产模式。采用缓/控释肥于播种时一次性人工或机械化施入，采用区域玉米养分专家优化推荐施肥（总养分N 238.5千克/公顷，P_2O_5 87.0千克/公顷，K_2O 108.0千克/公顷，如选用稳定性缓释肥（22-8-10）（云南天宝丰生产），一次性施用1 080千克/公顷。

（2）缓释肥+绿肥还田生产模式（图2）。冬闲绿肥全量还田，土壤整地时已用旋耕机将绿肥均匀翻入土壤中；采用区域玉米养分专家优化推荐施肥量（总养分N 238.5千克/公顷，P_2O_5 87.0千克/公顷，K_2O 108.0千克/公顷），该模式中化肥施用量减30%。如选用稳定性缓释肥（22-8-10）（云南天宝丰生产），一次性施用750千克/公顷。

图2　绿肥翻压还田

（3）缓释肥+秸秆还田生产模式（图3）。秸秆全量还田，土壤整地时已用旋耕机将秸秆均匀翻入土壤中；采用区域玉米养分专家优化推荐施肥量（总养分N 238.5千克/公顷，P_2O_5 87.0千克/公顷，K_2O 108.0千克/公顷），该模式中化肥施用量减15%。如选用稳定性缓释肥（22-8-10）（云南天宝丰生产），一次性施用915千克/公顷。

图3　机械化收获与秸秆还田

（4）缓释肥+农用有机肥生产模式。采用区域玉米养分专家优化推荐施肥量（总养分N 238.5千克/公顷，P_2O_5 87.0千克/公顷，K_2O 108.0千克/公顷），该模式中化肥施用量减15%。如选用稳定性缓释肥（22-8-10）（云南天宝丰生产），一次性施用915千克/公顷。农用有机肥在整地时用2 250千克/公顷。

以上四种生产模式的化肥施用深度为根层10～20厘米，缓/控释性肥料为底肥与机播同步进行，或与人工播种同时进行，播种种子与肥料距离5～10厘米。一次性施肥后一般不再追肥，若在灌浆中发现供肥不足，可采用追施尿素75～150千克/公顷，施肥深度10～20厘米补肥。

在某些缺乏微量元素的地方添加相对应的微肥，如锌肥和硼肥，用量为15千克/公顷。

播种施肥后如有灌溉条件，播种后立刻浇水，并覆膜。

7. 化学除草

采用苗后除草剂，在玉米4~6展叶期，选用兼用型除草剂，使用优选的喷药器械对玉米杂草进行定向喷雾防除1次。亩用量为常规用量的70%，并添加助剂（如多元醇型非离子表面活性剂等），减少除草剂使用量30%以上。

8. 病虫害管理

采用新型高效低毒低残留农药和生物农药，特别是推广具备病害、虫害前移防效的新农药，如醚菌酯、苯醚甲环唑、丙环唑、吡唑醚菌酯等杀菌剂和氯虫苯甲酰胺、虫螨腈、甲维盐、茚虫威、杀铃脲、昆虫性诱剂等高效化学和生物杀虫剂配合，实现病虫防治前移。使用时宜选用添加农药功能性助剂，以提高防效，减少用药量20%~30%。如油菜素内酯、芸天力助剂、多元醇型非离子表面活性剂等。

在播种时，采用吡虫啉（高巧）+氰烯菌酯+戊唑醇+精甲霜灵·咯菌腈（快苗）按药种比进行种衣剂拌种，综合防治苗期纹枯病、灰斑病和穗腐病和地下害虫。中后期病虫害防治按照"高效多靶标—喷多控、绿色安全"的原则，于喇叭口期进行一次综合病虫害的综合防控。药剂选用杀虫剂+杀菌剂+植物生长调节剂+助剂等。

推荐规模化生产、统防统治，推荐电动、电池机械喷雾器或机械微喷机、遥控微型无人机喷洒。

9. 适时采收

在玉米苞叶变白，上口松开，籽粒乳线基本消失、基部黑层出现即达到生理成熟时进行收获。收获期一般在9月中旬至10月上旬。收穗时籽粒含水率≤30%，收粒时籽粒含水率≤25%。

收获后及时晾晒，防止霉变。

10. 后期管理

玉米籽粒收获后，玉米秸秆按用途操作：机械收割—饲用；或切段堆沤，以备翌年使用；下茬种植绿肥苕子，可留茬20~40厘米，便于苕子生长攀爬。

种植绿肥：玉米收获后，趁雨季尚未结束，播种绿肥种子，撒播，播种后不用施肥。种植绿肥品种为：苕子、肥田萝卜和箭舌豌豆等。苕子播种量为75千克/公顷，肥田萝卜播种量为22.5千克/公顷，箭筈豌豆播种量90千克/公顷。

刈割绿肥：翌年1月，待绿肥植物进入盛花期，对绿肥植物进行刈割。刈割后的绿肥进行堆沤，备用。

三、适宜区域

"低纬高原山地玉米化肥农药减施增效综合技术模式"适宜于西南山地玉米种植区域，特别适宜于云南省干湿季节分明的山地玉米种植区或其他类似地区。

四、效益分析

应用"云南山地玉米化肥农药减施增效综合技术模式"将保证种植玉米持有原来的产量或有所增

产，使用缓释肥单价虽然比普通化肥高25%，但该技术模式（以"缓释肥机播生产模式"为例）所用的缓释肥量比原使用普通化肥用量减少36%（原使用普通化肥的总养分平均投入量为677.5千克/公顷，该技术模式使用缓释肥的总养分投入量为433.5千克/公顷），化肥成本将降低20%，而氮肥利用率提高15%。其他3个模式"缓释肥+绿肥还田生产模式""缓释肥+秸秆还田生产模式"和"缓释肥+农用有机肥生产模式"虽然增加绿肥、秸秆和农用有机肥的生产应用成本，但是这3个模式比"缓释肥机播生产模式"所用的缓释肥量还少15%~30%，其总的有机物料和无机肥加起来成本仍比原使用普通化肥的成本低20%左右，而氮肥利用率提高20%。每公顷减施化学农药225克、化学农药减量40%，农药利用率提高21.8%。

五、注意事项

一是耕地整地时，所用旋耕机应为中型以上的旋耕机，作业层深度≥12厘米，作业层深度合格率≥85%，层内直径大于4厘米的土块≤5%，地表残秆残留量≤200克/米²。

二是选择玉米种子时，采用机械播种的种子发芽率不低于90%，单粒精播发芽率不低于95%。

三是使用机械播种时，选用2~4行精量播种机，一次完成开沟施肥、播种、覆土、镇压等工序，株距12~31厘米可调，行距50~75厘米可调，播深4~6厘米可调。播种作业质量符合单粒率≥85%，空穴率<5%，粒距合格率≥80%，行距左右偏差≤4厘米，碎种率≤1.5%。肥料在种子下方，离种子5厘米以上。

四是播种时间为4月底以前，实际为5~10厘米耕层温度稳定在10~15℃，土壤相对含水量达到60%左右即可播种。

五是合理密植是最大限度的利用光照、空气、养分，是实现高产栽培的中心环节。普通玉米以每公顷60 000~67 500株较好，若种植土壤养分含量较高，可适量增加种植密度，每公顷75 000~82 500株。

六是在"缓释肥+绿肥还田生产模式"中，堆沤刈割下的绿肥注意腐熟程度，在玉米收获后种植绿肥，需观察绿肥植物的病虫害及绿肥植物还田后的地下病虫害，如有发生，及时防治。

七是在"缓释肥+秸秆还田生产模式"中，需观察秸秆还田的地下病虫害，如有发生，及时防治，在该模式刚开始的年份，为了平衡土壤中的C/N比，需要额外加施一定量的氮肥。

八是玉米出苗后，要进行定苗，要留壮苗、整齐苗，去病苗、弱苗、小苗、自交苗。去弱留壮，保证均匀。为确保收获密度，定苗时要比计划密度多留5%左右，其后在田间管理中再拔除病弱株。

九是玉米出苗，实时监测玉米地草地贪夜蛾发生危害情况，当为害株率达5%时，采用14%甲维·茚虫威悬浮剂+50%杀铃脲悬浮剂+芸薹素内酯，按使用剂量及时防治，喷雾防治时，重点是玉米心叶；或采用0.1%氯虫苯甲酰胺颗粒剂丢心防治。确保小喇叭口期前玉米植株健康生长。

十是玉米4~6叶期，采用茎叶除草剂28%烟嘧磺隆·硝磺草酮·莠去津可分散油悬浮剂按使用剂量作定向喷雾，及时控制杂草。

六、技术依托单位

推荐单位：云南省农业科学院农业环境资源研究所

联系地址：云南省昆明市盘龙区北京路2238号

联系人：何成兴、尹梅、王群、郭志祥

电子邮箱：hechengxing69@163.com；ymmay@163.com；qunwang70@163.com；zhixiangg@163.com

七、低纬高原山地玉米化肥农药减施增效综合技术模式图

月份	4		5			6		
	中	下	上	中	下	上	中	下
节气		谷雨	立夏		小满	芒种		夏至
品种及产量构成	主要品种：靖单15、靖玉1号等。 产量构成：每亩4 000穗以上，每穗500～600粒，千粒重330～400克，单穗粒重200克左右							
生育时期	**播种：**4月中旬至下旬 　　　　**出苗：**5月上旬至5月中旬 　　　　**拔节：**6月上旬							
播前准备	选地	选择土层深厚、土壤物理性状好，20厘米以下的土层呈上实下虚状态，土壤有机质含量						
	整地	播种玉米前，采用旋耕机整地，使耕地平整、表土细碎、无板结且上虚下实，改善墒						
	精选种子	播前精选种子，确保种子纯度≥98%，发芽率≥95%，发芽势强，籽粒饱满均匀，无破						
	种子处理	播前进行晒种、种子包衣或药剂拌种，增强种子活力，以控制苗期的灰飞虱、蚜虫、粗						
精细播种	早春温度低或上茬作物未收获，不宜过早播种，一般5～10厘米地温稳定达到10～15℃，即4月中旬 50～60厘米，株距20～25厘米）机械播种，做到播深一致、下种均匀。播种后及时镇压保墒。根据							
合理密植	适宜留苗密度为每公顷60 000～67 500株。定苗时，要多留10%苗，留大苗、壮苗，以提高保株成 15天，喷施玉米生长调节剂壮丰灵或玉黄金等化学调控物质（浓度为通常用量的1/3～1/2）可有效地							
科学施肥	①施肥原则：根据"因需施肥"的施肥原则，采用区域玉米养分专家优化推荐施肥量，确定多元素 ②化肥品种：缓释肥、锌肥、硼肥。 ③施肥量。 缓释肥机播生产模式：总养分N 238.5千克/公顷，P_2O_5 87.0千克/公顷，K_2O 108.0千克/公顷； 缓释肥+绿肥还田生产模式：总养分N 167.0千克/公顷，P_2O_5 60.9千克/公顷，K_2O 75.6千克/公顷； 缓释肥+秸秆还田生产模式：总养分N 202.7千克/公顷，P_2O_5 74.0千克/公顷，K_2O 91.8千克/公顷； 缓释肥+农用有机肥生产模式：总养分N 202.7千克/公顷，P_2O_5 74.0千克/公顷，K_2O 91.8千克/公顷； 在某些缺乏微量元素的地方添加相对应的微肥，如锌肥和硼肥，用量为15千克/公顷。 ④施肥时期和方式。 ●基肥：结合整地，将全部绿肥、秸秆和农用有机肥施入土壤中； ●种肥：播种时，一次性施入全部缓释肥； ●穗肥：若发现供肥不足，可采用追施尿素75～150千克/公顷，施肥深度10～20厘米补肥							
灌溉	播种时若土壤干旱，又有浇水条件，可浇水，再覆膜							
病虫害防治	防治杂草	播种后及时喷施化学除草剂。一般可用40%乙阿合剂（每亩200毫升，兑水45～60千克） 草1～2叶期喷施。喷药时应退着均匀喷雾于土壤表面，切忌漏喷或重喷，以免药效不好						
	防治病害	①丝黑穗病：采用种衣剂包衣，播前按药种比1：40进行包衣，或用10%烯唑乳油20克 ②粗缩病：蚜虫和灰飞虱是玉米粗缩病的传播者，应对其进行重点防治。在苗期，可 毒宁1 000倍液，并分别加入0.2%磷酸二氢钾溶液混合后喷施，可有效控制粗缩病的发生。 ③大、小斑病：发病初期，用25%吡唑醚菌酯800倍液、50%异菌脲500倍液喷雾，每隔 ④瘤黑粉病：在三唑酮拌种基础上，于抽雄前10天左右喷施500～800倍液的50%福美双						
	防治玉米螟	采取生物防治和化学防治相结合的方法。生物防治包括释放赤眼蜂和白僵菌封垛两种 ①赤眼蜂防治：在越冬代玉米螟化蛹率20%时，后推8天进行第1次放蜂，间隔5天后进 ②白僵菌防治：在越冬代玉米螟化蛹前，按每平方米用0.2千克菌粉进行封垛。另外， 敌敌畏（200倍液，每株3毫升滴于顶部花丝内）或用50%辛硫磷1 000倍液进行喷雾防治						
适时收获	一般收获期在9月中旬到10月初，使玉米籽粒充分成熟，降低籽粒含水率，增加百粒重，提高玉米产量							
后期管理	玉米籽粒收获后，玉米秸秆按用途操作：机械收割—饲用；或切段堆沤，以备来年使用；下茬种植 种植绿肥：玉米收获后，趁雨季尚未结束，播种绿肥种子，撒播，播种后不用施肥。种植绿肥品种为： 刈割绿肥：来年1月，待绿肥植物进入盛花期，对绿肥植物进行刈割。刈割后的绿肥进行堆沤，备用							
效益分析	该技术模式每亩减施化肥35千克（普通种植底施15：15：15玉米专用肥50千克/亩，追施尿素40千克/ 按市场农资价格计，每亩节约农药15元、节约化肥85元，加上人工费，每亩共节约成本340元							

图5 低纬高原山地玉米化肥

	7			8			9			10
上	中	下	上	中	下	上	中	下	上
小暑			大暑	立秋		处暑	白露		秋分	寒露

抽雄、散粉、吐丝：7月中旬至8月上旬　　成熟、收获：9月中旬至10月上旬

1.5%以上，速效氮100毫克/千克左右，速效磷20毫克/千克左右，速效钾100毫克/千克左右的地块

情，增强土壤保水保肥能力，促进根系生长。基肥含有绿肥、秸秆或农用有机肥的，整地时翻压入土，和土壤混匀

损粒和病粒

缩病、丝黑穗病及地老虎和金针虫等地下害虫

至4月下旬进行播种。采用等行距（行距50～80厘米，株距20～25厘米）或宽窄行（宽行为80～120厘米，窄行为
品种特性、留苗密度及种子质量等因素综合确定适宜播种量，一般播种量为18.75～22.5千克/公顷。播种完毕覆膜

穗率。辅助措施包括：3叶期及时间苗、5叶期及时定苗，留大苗、壮苗、齐苗；及时去除病株和无效株；抽雄前10～
控制玉米群体发育，具有较好增产效果

肥料的配方及施用方法。肥料运筹上，增施有机肥、重施基肥、使用缓释肥。缺乏微量元素添补上。

或玉草灵（每亩160～180毫升，兑水30～45千克）等进行封闭。玉草灵还可用于苗后处理，但应在玉米2叶1心前、杂
或发生局部药害。另外，注意不要在雨前或有风天气进行喷药

拌种子100千克，堆闷24小时，或用50%多菌灵按种子重量的0.7%进行拌种。
用50%吡蚜酮水分散粒剂2 000～3 000倍液喷雾进行防治。对粗缩病发病地块，可选用1.5%植病灵800倍液，或20%病

7天喷1次，连喷2～3次。
可湿性粉剂，可有效减轻黑粉病的再侵染

方法。
行第二次放蜂（每亩放蜂1.5万头、1个放蜂点）。
还可利用化学药剂如穗期用3%辛硫磷颗粒剂（每亩250克，拌细砂5～6千克，撒于玉米心叶或叶腋），授粉后用80%

绿肥苕子，可留茬20～40厘米，便于苕子生长攀爬。
苕子、肥田萝卜和箭舌豌豆等。苕子播种量为75千克/公顷，肥田萝卜播种量为22.5千克/公顷，箭舌豌豆播种量90千克/公顷

亩）施肥减量38.89%，肥料利用率提高19.4%；每亩减施化学农药15克、化学农药减量40%，农药利用率提高21.8%。

农药减施增效综合技术模式图

八、技术应用案例

该技术模式针对云南低纬高原山地玉米化肥农药减施增效关键技术瓶颈问题，进行相关科学技术集成、试验及示范（图6至图23）。项目建立了省、市、县、乡、村部门联动机制，采用科研+企业+推广的推广机制，形成了适合云南的"低纬高原山地玉米化肥农药减施增效综合技术生产模式"，其模式为：抗逆高产耐瘠薄玉米新品种靖单15号+新型种衣剂+冬闲绿肥还田（光叶紫花苕1 500～2 000千克/亩）+精密单粒机械化（种肥膜一次完成）播种+窝塘集雨栽培+化肥减量减次深施+高效多靶标一喷多控技术（2%氨基寡糖素、1%芸薹素内酯水剂、禾丰牌钾动力植物激素以及高效低毒农药14%甲维·茚虫威悬浮剂、50%丁醚脲悬浮剂和生物源农药100亿个孢子/毫升短稳杆菌悬浮剂，采用无人机与电动喷雾器相结合的方法，对千亩核心示范区玉米进行高效多靶标一喷多控技术的试验示范）。培训县乡基层农技人员500人次、农户2 300人次，培训种粮农民4 500人。

在会泽县马路乡建设完成低纬高原山地粒用夏玉米化肥农药减施增效综合技术模式千亩核心示范区1片1 148亩。示范区内，每亩减施化肥35千克（普通种植底施15：15：15玉米专用肥50千克/亩，追施尿素40千克/亩）施肥减量38.89%，肥料利用率提高19.4%；每亩减施化学农药15克、化学农药减量40%，农药利用率提高21.8%。按市场农资价格计，每亩节约农药15元、节约化肥85元，加上人工费，每亩共节本340元。示范区内1 148亩共节本增效54.28万元。

自2018年"南方山地玉米两减"项目实施以来，云南省每年推广该项技术150万亩，到2019年共推广600多万亩，共减少除草剂使用使用量120万升，节约成本投入2 040万元，减少用工节约投入1.2亿元，减少尿素使用5.6万吨，增加效益1.5亿元。3年共节约成本增效6.5亿元。经济效益、生态效益和社会效益显著。

图6　精密单粒机械化播种

图7　绿肥全株与地下部分还田试验

图8　玉米减肥减药小区试验

图9　示范区远景图

图10　示范区玉米长势远景

图11　示范区玉米长势近景

图12　示范区现场观摩会

图13　示范区测产

图14　中期养分监测

图15　玉米收获后绿肥长势

图16　翌年开春绿肥长势

图17　玉米—萝卜—绿肥模式

图18　玉米套种苦荞麦控草

图19　玉米—苦荞麦模式

图20　玉米秸秆过腹还田

图21　草地贪夜蛾飞防

图22　高效多靶标—喷多控示范

图23　技术培训

高海拔山地玉米化肥农药减施技术模式

一、技术概况

该技术模式针对云南1 900米以上高海拔冷凉山区冬春季干旱，地力贫瘠，夏季雨热同步，玉米生产化肥、农药粗放使用等问题导向，进行关键技术"冬闲绿肥种植还田减肥、选用优质抗病耐瘠玉米品种、精密单粒机械化播种（施肥、播种、覆膜一体化）、窝塘集雨抗旱播种、控释肥一次性深施、精细田间管理、病虫害综合防治、间套燕麦、荞麦"等集成，在会泽县开展千亩精准示范区展示，辐射带动化肥农药减施增效技术大面积推广应用，总结并形成了适宜高海拔山地玉米生产的化肥农药减施技术模式。该模式集施肥、覆膜、播种于一体，可减少劳动力投入，有效降低玉米生产成本，有利于种植大户开展适度规模经营和探索"农科推""科企社"等机制模式。

二、技术要点

1. 冬闲绿肥种植还田技术

（1）绿肥种植技术。玉米进入灌浆期（7月下旬至8月上旬），利用玉米地土壤墒情，选用生物产量高、适应性广的绿肥良种"光叶紫花苕"实施套种。播种前将种子置于太阳光下暴晒1~2天，提高发芽率。在玉米行间采用穴播方式，亩播光叶紫花苕5~6千克，播种深度2~3厘米，播后覆土。播种时亩施磷肥30千克作基肥，立春后亩追施尿素7千克，促进春发，提高单位面积产量。

（2）绿肥还田技术。翌年（3月中下旬）绿肥进入盛花期，进行机械翻压，将绿肥翻入土层，做到压严、压实，绿肥翻压深度一般为15~20厘米，翻压过深会因缺氧而不利于发酵，过浅则不能充分腐解发挥肥效（图1）。

图1　会泽县马路乡脚泥村"绿肥种植还田替代化肥减施技术"示范区田间测产（供图人：张兴富）

2.精密单粒机械化播种技术

（1）品种选择。选择产量稳定、抗病、抗逆性强、耐密、生育期适中的优良玉米品种，如靖单15号、会玉336等。

（2）机械化耕整地。机械深耕应在前茬作物收获后立即进行，机耕前后及时清除残膜，耕深以22～25厘米为宜，达到墒平土细。

（3）机械化精准播种。采用河北农哈哈机械集团有限公司生产的2BPSF-2铺膜穴播机播种，统一种植规格，株行距为（90+50）厘米×20厘米，亩用种1.8千克，亩播种4 700粒，播种深度为8厘米（图2）。

（4）施肥。采用河北农哈哈机械集团有限公司生产的2BPSF-2铺膜穴播机施肥，种肥深施在玉米种子侧下方15～20厘米处。采用控释肥加微量元素，种肥同播种，每亩施40千克左右，每株施8克左右，实施化肥减量措施。

图2 会泽县马路乡脚泥村采用机械化播种玉米（供图人：张兴富）

3.窝塘集雨抗旱栽培技术

（1）品种选择。选择产量稳定、抗病抗逆性强、耐密、生育期适中的优良品种，如靖单15号、会玉336等。

（2）窝塘集雨栽培。按照深打塘、松覆膜、取土压塘心、破膜集雨的要求进行（图3）。

（3）机械整地理墒。前作收获后及时耕地晒垡，整地要求墒平土细，采用宽窄行种植，1.3米开墒，大行距90厘米，小行距40厘米，墒面宽70厘米左右，墒面高15厘米。

（4）打塘。打梅花塘，塘距40厘米，塘深13～15厘米，形成大窝塘状。

（5）施足底肥。亩用腐熟农家肥1 500千克作底肥施于塘心；亩用15千克尿素、15千克普钙、15千克氯化钾混合均匀环状施于塘四周，以防伤种。覆膜前，喷施农药防治地下害虫。大喇叭口期亩追施25千克尿素。

（6）盖膜。采用1 000毫米×0.01毫米规格地膜覆盖，盖膜时适当放松，压实边膜，不留缝隙，并取土压实塘心，形成窝塘状，便于有效收集雨水。

（7）适时破膜播种。在塘心位置用木棍将地膜捅破，利于雨水集中在塘心，看土壤墒情及时播种。适时、适量播种。双株留苗，确保每亩株数4 500株左右。中耕管理：适时间苗、定苗。

（8）病虫害防控。采用新型高效低毒低残留农药和生物农药。使用时宜选用醚菌酯、苯醚甲环唑、吡唑醚菌酯等杀菌剂和氯虫苯甲酰胺、虫螨腈、甲维盐、茚虫威、杀铃脲、昆虫性诱剂、斜纹夜蛾多角体病毒等高效化学和生物杀虫剂配合，实现病虫防治前移、多标靶一喷多防。

（9）收获。适时收获，在玉米真正成熟后选择晴好天气进行收获，妥善贮藏。

图3　会泽县采用人工玉米窝塘集雨栽培技术种植（供图人：张兴富）

三、适宜区域

该技术模式适宜于1 900～2 300米区域高海拔山地玉米应用。

四、效益分析

1. 经济效益

2019年会泽县马路乡脚泥村举办千亩精确示范区，平均亩增产83.1千克；亩减施化肥35千克，比普通种植（底施15：15：15玉米专用肥每亩50千克、尿素每亩40千克）施肥减量38.89%；亩减施化学农药20克、减量40%。农资按市场价计，亩节约农药15元、节约化肥85元，亩节省用工费240元，亩节约成本共计340元，亩新增产值149.58元。

2. 社会效益

通过专题培训、巡回指导、科技街、现场培训会等多种形式，大力提升了周边农业科技的利用率和到位率，辐射带动推广5万多亩，并取得了较好的节本增效效果。

3. 生态效益

该技术模式紧紧围绕节种、节肥、节药、节水、环保5项关键环节，推广应用新品种、新技术，实施绿肥种植替代化肥、施用高效控释肥，以及病虫害绿色防控等技术，统一使用加厚地膜和加大残膜回收再利用，是一种绿色的生产方式，对生态及环境没有不良影响，是农业可持续发展模式。

五、注意事项

一是对于春旱严重，农田无灌溉水源的区域，建议选用生育期短、耐密植、抗逆性好的玉米品种，并推迟至雨季来临前播种。

二是覆膜栽培要压紧、压严膜的四边，一旦出苗及时破膜、放苗，用土盖严膜口。

六、技术依托单位

单位名称1：云南省农业技术推广总站

联系人：刘艳

电子邮箱：ynsnjtgz@163.com

单位名称2：云南省会泽县农业技术推广中心

联系人：张兴富

电子邮箱：hznjzhx@163.com

七、高海拔山地玉米栽培技术模式图

月份	3	4			5			6		
	下	上	中	下	上	中	下	上	中	下
节气	春分	清明		谷雨	立夏		小满	芒种		夏至

品种类型及产量构成		主要品种：师单8号、靖单8号、会玉336、云瑞668、靖单15号等 产量构成：每亩4 000穗以上，每穗500~600粒，千粒重330~450克，单穗粒重220克左右
生育时期		**播种**：3月下旬至5月上旬　　**出苗**：4月上旬至5月中旬　　**拔节**：5月下旬至6月上旬
播前准备	选地	选择土层深厚、土壤物理性状好，20厘米以下的土层呈上实下虚状态，土壤有机质含量
	整地	前茬收获后及时采用深松整地机秋深松整地，使土壤上松下紧、表土平细，深松深度达
	精选种子	播前精选种子，确保种子纯度≥98%，发芽率≥95%，发芽势强，籽粒饱满均匀，无破损
	种子处理	播前进行晒种、种子包衣或药剂拌种，增强种子活力，以控制玉米丝黑穗病及地老虎、蝼
精细播种		根据我县冬春干旱严重，立体气候的特点，一般海拔2 300米以上区域选择春分尾、清明头播种；海拔 采用宽窄行（大行距90厘米，小行距45厘米，塘距42~45厘米），每塘播3~4粒种子，每亩播种量2~
合理密植		半紧凑型品种的适宜留苗密度为每亩4 000~4 500株，紧凑型品种为4 500~5 000株。定苗时，要多留 及时去除病株和无效株
科学施肥		施肥原则：根据"因需施肥"的高产施肥原则，确定多元素肥料的配方及施用方法。肥料运筹上，增 施肥时期及施肥量。 ①底肥：每亩施玉米专用复合肥10千克、普钙40千克作种肥，腐熟农家肥不低于1 500千克作盖塘肥。 ②追肥：拔节肥：当幼苗株长至5~6叶期时，定苗后亩施尿素20千克，或用碳酸氢铵40千克。 穗肥：当植株长至10~12叶（大喇叭口期）时，深中耕，大培土，亩施尿素40千克或碳酸氢铵60千克； 花粒肥：灌浆初期，根据田块苗情酌情施肥
灌溉		会泽县属冬春严重干旱气候，播种时在水源条件好的区域，应在盖塘肥上浇透水再覆膜。保证播种后 水的关键时期，此期若缺水会造成果穗秃尖、少粒，降低粒重，造成减产。因此，此期若降雨偏少，
病虫害防治	防治杂草	播种后及时喷施化学除草剂。一般可用40%乙阿合剂（每亩200毫升，兑水45~60千克） 草1~2叶期喷施。喷药时应退着均匀喷雾于土壤表面，切忌漏喷或重喷，以免药效不好或
	防治病害	①大斑病、小斑病：发病初期，用50%多菌灵500倍液喷雾，每隔5天喷1次，连喷2~3次。 ②锈病：发病初期，喷施75%百菌清可湿性粉剂800倍液或50%的多菌灵粉剂800倍液。每 ③丝黑穗病：采用种衣剂包衣，播前按药种比1：40进行包衣，或用10%烯唑乳油20克拌
	防治玉米螟	采取生物防治和化学防治相结合的方法。生物防治包括释放赤眼蜂和白僵菌封垛两种方法 ①赤眼蜂防治：在越冬代玉米螟化蛹率20%时，后推8天进行第1次放蜂，间隔5天后进行 ②白僵菌防治：在越冬代玉米螟化蛹前，按每平方米用0.2千克菌粉进行封垛。另外，还 敌畏（200倍液，每株3毫升滴于顶部花丝内）或用50%辛硫磷1 000倍液进行喷雾防治
适时收获		根据不同海拔、不同播种期，在9月中下旬至10月上旬收获，使玉米籽粒充分成熟，降低籽粒含水率，
效益分析		亩增产80千克，同时省工、省时，亩节本增效200元

图4　高海拔山地

7			8			9			10
上	中	下	上	中	下	上	中	下	上
小暑		大暑	立秋		处暑	白露		秋分	寒露

抽雄、散粉、吐丝：6月下旬至8月上旬　　　　**成熟、收获**：9月中旬至10月上旬

1.5%以上，速效氮100毫克/千克左右，速效磷20毫克/千克左右，速效钾100毫克/千克左右的地块

30厘米以上

粒和病粒

蛄、金针虫等地下害虫

2 100～2 300米区域选择在清明节播种；海拔2 000米以下区域选择在谷雨至立夏播种，即3月下旬至5月上旬进行播种。
2.5千克。海拔1 900米以上种植区域均应采用地膜覆盖栽培

10%苗，留大苗、壮苗，以提高保株成穗率。辅助措施包括：3叶期及时间苗、5叶期及时定苗，留大苗、壮苗、齐苗；

施有机肥、重施基肥、减少拔节肥、重施穗肥、增施花粒肥。

苗全、苗齐、苗匀、苗壮；幼苗期根据气候降雨情况，即时浇水抗旱至5月底6月初进入雨节。抽雄前后15天是玉米需
出现旱情，应及时浇水补灌

或玉草灵（每亩160～180毫升，兑水30～45千克）等进行封闭。玉草灵还可用于苗后处理，但应在玉米2叶1心前、杂
发生局部药害。另外，注意不要在雨前或有风天气进行喷药

隔5～10天防一次，连续防治2～3次。
种子100千克，堆闷24小时，或用50%多菌灵按种子重量的0.7%进行拌种

第2次放蜂（每亩放蜂1.5万头、1个放蜂点）。
可利用化学药剂如穗期用3%辛硫磷颗粒剂（每亩250克，拌细砂5～6千克，撒于玉米心叶或叶腋），授粉后用80%敌

增加百粒重，提高玉米产量

玉米栽培技术模式图

八、技术应用案例

2019年会泽县马路乡露源种植专业合作社借助"南方山地玉米化肥农药减施技术集成研究与示范"课题，在马路乡脚泥村建设千亩玉米精确示范区，采用冬闲绿肥种植还田减肥增效技术+优质玉米品种+精密单粒机械化播种（施肥、播种、覆膜一体化）+高海拔窝塘集雨抗旱高产栽培技术+控释肥一次性深施技术+精细田间管理+玉米间套作燕麦、荞麦技术+病虫害综合防治技术。

2019年10月15日，由会泽县农业农村局组织，邀请有关专家组成验收组，对会泽县农业技术推广中心承担的"南方山地玉米化肥农药减施技术集成研究与示范"项目"南方山地玉米化肥农药减施增效技术推广机制模式探索与应用课题"的千亩精确示范区进行实收测产，平均亩产593.18千克，与对照比平均亩增产83.11千克。示范区亩减施化肥35千克，比普通种植（底施15：15：15玉米专用肥，每亩50千克，追施尿素每亩40千克）施肥减量38.89%；每亩减施化学农药20克、减量40%。农资按市场价计，每亩节约农药15元、节约化肥约85元，每亩节省用工费240元，每亩节约成本共计340元，每亩新增产值149.58元。农民对科技培训满意率达到97.5%。

四川盆中丘陵区玉米化肥农药减施增效术模式

一、技术概况

适用于四川盆中地区以平地、浅丘为主要地貌的玉米生产区，海拔高度400～750米，坡度15°以下。该区域土壤相对平坦，但比较瘦薄，且多高温伏旱，习惯间套或净作种植玉米。2018—2019年，在四川省农业技术推广总站集成的玉米绿色生产技术模式的基础上，针对减肥减药目标进行模式改良。2020年，依托玉米种植农户或种植大户、家庭农场、农业生产专业合作社等新型经营主体进行化肥农药减施增效技术模式集成并示范应用，一是推广机械施肥、精准配方施肥、有机肥替代化肥、高效新型肥料和高效施肥技术等，实现化肥使用量零增长；二是建立资源节约型、环境友好型病虫害可持续治理技术体系，推广使用高效低毒低残留农药，推广绿色防控，实现农药使用量零增长，从而达到减少农药面源污染，净化乡村环境。

二、技术要点

1. 品种选择

粒用春玉米选用氮效率高、耐密、抗倒、丰产、优质、抗（耐）主要病虫草害的新品种；夏玉米选用紧凑或半紧凑型、熟期适中、耐密、抗倒、丰产、优质、抗（耐）主要病虫害、籽粒脱水快、适宜机播的品种。青贮玉米选择持绿性好、植株高大、品质优良、抗（耐）性好、产量高的专用品种。

2. 耕地整地

前作收获后，在机械灭茬和部分秸秆粉碎还田基础上深耕（松）30～40厘米，打破犁底层，平整土地（翻、耕、耙、耢），改善墒情，应对春季干旱，同时增强土壤保水保肥能力，促进根系生长（图1至图3）。

图1　机械翻耕土地（一）

图2　机械翻耕土地（二）

图3　机械播种（三）

3.种子处理

播前精选种子，确保种子纯度≥98%，发芽率≥95%，发芽势强，籽粒饱满均匀，无破损粒和病粒。播前进行晒种、种子包衣或药剂拌种，增强种子活力，以控制苗期的灰飞虱、蚜虫、粗缩病、丝黑穗病及地老虎和金针虫等地下害虫。

4.适时播种，适度增密

根据气象预报，调优播期，适墒播种，避灾减灾。春玉米3月中下旬至4月上旬视天气情况、土壤墒情适时播种；夏玉米4月下旬至5月上旬视前作收获及整地情况适时播种。规范行距，适度增密，一般比常规种植密度每亩增加1 000~2 000株，以控制草害。该区域早春温度较低，因此切忌过早播种，以减少弱苗，提高出苗整齐度，避免病虫害特别是地下害虫和丝黑穗病等土传病害的侵害。一般5~10厘米地温稳定达到10℃以上时，即3月中下旬至5月上旬进行播种。采用等行距或宽窄行机械播种，做到播深一致、下种均匀。播种后及时镇压保墒。根据品种特性、留苗密度及种子质量等因素综合确定适宜播种量，一般每亩2~3千克。半紧凑型品种的适宜留苗密度为每亩4 000~4 500株，紧凑型品种为4 500~5 000株。定苗时，要多留10%苗，留大苗、壮苗，以提高保株成穗率。辅助措施包括：3叶期及时匀苗、间苗、5叶期及时定苗，留大苗、壮苗、齐苗；及时去除病株和无效株；抽雄前10~15天，喷施玉米生长调节剂等化学调控物质有效地控制玉米群体发育，具有较好增产效果。青贮玉米一般要求播种密度大，但要适宜合理，应以品种特性、土壤养分情况因地制宜，根据该区域光照和气候条件，依据青贮玉米不同种植密度与产量关系试验结果，应保证亩植3 200~3 500株。

5.秸秆还田，合理施肥，减肥增效

改秸秆不还田为粉碎还田，化肥减量减次，有机无机配施，选用玉米缓控肥。根据"因需施肥"的高产施肥原则，确定多元素肥料的配方及施用方法。肥料运筹上，增施有机肥、重施底肥、减少拔节肥、重施攻苞（穗）肥、增施花粒肥。每亩选用玉米缓控肥45千克，比传统施肥减施纯氮4千克；或氮肥用量控制在亩用纯氮16千克以内。耕地时每亩施入腐熟牛粪渣肥2吨以上；出苗后到拔节前根据苗情追施适量化肥（尿素）提苗；拔节后到大喇叭口期追施牛尿牛粪沼液壮苗及攻苞（穗）。青贮玉米以配方施肥为主，底肥施用沼液肥30 000~37 500千克/公顷，复合肥450千克/公顷结合整地时喷施和撒

施。3～4叶期窝施沼液肥15 000千克/公顷，7～8叶期窝施沼液肥15 000～22 500千克/公顷，大喇叭期施用尿素225～300千克/公顷深施盖土。

6. 病虫草害综合防治

播种前用新型种衣剂拌种；播种出苗后施用2.5%溴氰菊酯乳油（敌杀死）等杀虫剂+杀菌剂+助剂一喷多效，防治土蚕、毛虫等为害，实现多靶标减量减次，以确保苗齐苗全；除此以外不再施用化学农药，采用太阳能杀虫灯防治各类虫害。

7. 适期收获

粒用玉米保证7月31日（春玉米）或8月20日（夏玉米）以后籽粒完熟、乳线消失后适期收获，使玉米籽粒充分成熟，降低籽粒含水率，增加百粒重，提高玉米产量；饲用玉米在籽粒乳熟末期到蜡熟初期、60%～75%含水量这段时间收获为宜，以达到生物产量和营养价值最高。过早收获，籽粒过分鲜嫩，植株含水量高，不能满足乳酸菌发酵所需条件，不利青贮发酵；过迟收获，植株黄叶比例增加，含水量低，也不利于青贮发酵。

三、适宜区域

适用于四川盆中地区以平地、浅丘为主要地貌的玉米种植区域。

四、效益分析

生产成本：每亩平均使用种子款60元，肥料款100元，农药款15元，农机款505元（其中整地60元，播种30元，施药15元，收割200元，青贮饲用玉米运输每吨50～55元或籽粒玉米运输及脱粒计200元），杂工160元（匀苗、间苗、补苗、定苗等），合计890元。通过化肥农药减施，饲用玉米每亩增收140.59千克，按每吨400元计增效56.24元；籽粒玉米每亩增收13.95千克，按每千克2元计增效27.90元。

五、注意事项

选用通过审定的优质专用玉米品种；适时播种确保出苗整齐；适度增密提高生物产量减少杂草；坚持以农家肥为主减少化肥用量；安装智能太阳能杀虫灯防治虫害，减少农药施用，适期收获确保实收产量。

六、技术依托单位

单位名称：四川省农业技术推广总站、安岳县农业技术推广中心、眉山市农业农村局

联系人：崔阔澍、乔善宝

电子邮箱：scnj@vip.163.com

七、四川盆中丘陵区玉米化肥农药减施增效技术模式图

月份	3		4			5		
	中	下	上	中	下	上	中	下
节气		春分	清明		谷雨	立夏		小满

品种类型及产量构成		主要品种：成单30、雅玉30、雅玉青贮8号、华试99、川单189、正红311、仲玉998等 产量构成：平展型品种每亩3 200穗以上，半紧凑型品种每亩4 000穗以上，紧凑型品种每亩4 500穗以
生育时期		**播种**：3月中旬（春玉米）至5月上旬（夏玉米）　　　　　　**出苗**：4月上旬至5月中旬
播前准备	选地	选择土层深厚、土壤物理性状好，20厘米以下的土层呈上实下虚状态，土壤有机质含量
	整地	秋季收获玉米后，在机械灭茬和部分秸秆粉碎还田基础上深耕（松）30~40厘米，打破
	精选种子	播前精选种子，确保种子纯度≥98%，发芽率≥95%，发芽势强，籽粒饱满均匀，无破
	种子处理	播前进行晒种、种子包衣或药剂拌种，增强种子活力，以控制苗期的灰飞虱、蚜虫、粗
精细播种		安岳地区早春温度较低，因此切忌过早播种，以减少弱苗，提高出苗整齐度，避免病虫害特别是地下 行距或宽窄行（宽行距80厘米与窄行距40厘米交替）机械播种，做到播深一致、下种均匀。播种后及
合理密植		半紧凑型品种的适宜留苗密度为每亩4 000~4 500株，紧凑型品种为4 500~5 000株。定苗时，要多留 苗、齐苗；及时去除病株和无效株；抽雄前10~15天，喷施玉米生长调节剂等化学调控物质有效地控
科学施肥		①施肥原则：根据"因需施肥"的高产施肥原则，确定多元素肥料的配方及施用方法。肥料运筹上， ②施肥量：每年每亩高产田增施优质有机肥2米^3、氮17~20千克、P_2O_5 10~12千克、K_2O 10~13千克 ③施肥时期：分基肥、种肥、拔节肥、穗肥和花粒肥5次施用。 ●底肥：结合深耕，将全部有机肥、磷肥、钾肥及30%氮肥施入土壤中； ●种肥：一般以磷酸二胺或尿素作种肥，每亩施磷酸二胺3~5千克、尿素5千克（约占总氮量的10%）； ●拔节肥：拔节期，追施占总量20%的氮肥，以垄沟深施方式施入； ●穗肥：大喇叭口期，追施总氮量的30%； ●花粒肥：灌浆初期，追施总氮量的10%，延长玉米根系和叶片的生理活性，防早衰，保粒数，增
合理灌溉		根据春玉米区的气候和土壤条件，播种时或移栽前若土壤干旱应浇好底墒水或实行坐水移栽，保证播 造成减产。因此，此期若降雨偏少，出现旱情，有条件的地方可及时浇水抗旱
病虫草害防治	防治杂草	播种后及时喷施化学除草剂。一般可用40%乙阿合剂（每亩200毫升，兑水45~60千克） 草1~2叶期喷施。喷药时应退着均匀喷雾于土壤表面，切忌漏喷或重喷，以免药效不好
	防治病害	①丝黑穗病：采用种衣剂包衣，播前按药种比1：40进行包衣，堆闷24小时，或用50%多 ②粗缩病：蚜虫和灰飞虱是玉米粗缩病的传播者，应对其进行重点防治。 ③大斑病、小斑病：发病初期，用50%多菌灵500倍液喷雾，每隔5天喷1次，连喷2~3次。 ④瘤黑粉病：在三唑酮拌种基础上，于抽雄前10天左右喷施500~800倍液的50%福美双
	防治虫害	采取生物防治和化学防治相结合的方法。生物防治包括释放赤眼蜂和白僵菌封垛两种方法。 ①赤眼蜂防治：在越冬代玉米螟化蛹率20%时，后推8天进行第1次放蜂，间隔5天后进行 ②白僵菌防治：在越冬代玉米螟化蛹前，按每平方米用0.2千克菌粉进行封垛。另外，还 敌畏（200倍液，每株3毫升滴于顶部花丝内）用50%辛硫磷1 000倍液进行喷雾防治
适时收获		保证7月31日（春玉米）或8月20日（夏玉米）以后收获，使玉米籽粒充分成熟，降低籽粒含水率，增 收获时期，使用克拉斯青贮收割机进行适时收割
效益分析		青贮玉米每亩增收140.59千克，按每吨400元计增效56.24元；籽粒玉米每亩增收13.95千克，按每千克

图4　四川盆中丘陵区玉米

6			7			8		
上	中	下	上	中	下	上	中	下
芒种		夏至	小暑		大暑	立秋		处暑

上，或每穗500～600粒，千粒重330～400克，单穗粒重200克左右

拔节：5月上旬至6月中旬　　　抽雄、散粉、吐丝：6月中旬至7月下旬　　　成熟、收获：7月下旬至8月下旬

1.5%以上，速效氮100毫克/千克左右，速效磷20毫克/千克左右，速效钾100毫克/千克左右的地块

犁底层，平整土地（翻、耕、耙、耢），改善墒情，应对玉米春季干旱，同时增强土壤保水保肥能力，促进根系生长

损粒和病粒

缩病、丝黑穗病及地老虎和金针虫等地下害虫

害虫和丝黑穗病等土传病害的侵害。一般5～10厘米地温稳定达到10℃以上时，即3月中旬至5月上旬进行播种。采用等时镇压保墒。根据品种特性、留苗密度及种子质量等因素综合确定适宜播种量，一般每亩2～4千克

10%的苗，留大苗、壮苗，以提高保株成穗率。辅助措施包括：3叶期及时匀苗、间苗、5叶期及时定苗，留大苗、壮制玉米群体发育，具有较好增产效果

增施有机肥、重施底肥、减少拔节肥、重施攻苞（穗）肥、增施花粒肥。
（折合尿素37～43千克、标准过磷酸钙71～86千克、硫酸钾21～27千克）。

粒重

种后苗全、苗齐、苗匀、苗壮；抽雄前后15天是玉米需水的关键时期，此期若缺水会造成果穗秃尖、少粒，降低粒重，

或玉草灵（每亩160～180毫升，兑水30～45千克）等进行封闭。玉草灵还可用于苗后处理，但应在玉米2叶1心前、杂或发生局部药害。另外，注意不要在雨前或有风天气进行喷药

菌灵按种子重量的0.7%进行拌种。

可湿性粉剂，可有效减轻黑粉病的再侵染

第2次放蜂（每亩放蜂1.5万头、1个放蜂点）。
可利用化学药剂如穗期用3%辛硫磷颗粒剂（每亩250克，拌细沙5～6千克，撒于玉米心叶或叶腋），授粉后用80%敌

加百粒重，提高玉米产量。青贮玉米在玉米乳熟末期至蜡熟期，当干物质含量达到28%～36%、淀粉含量达到25%时为

2元计增效27.90元

化肥农药减施增效技术模式图

八、技术应用案例

1. 饲用玉米

2020年8月3日，四川省农业技术推广总站、安岳县农业技术推广中心组织有关专家对安岳县承担的2020年玉米化肥农药减施增效技术成果推广机制模式探索与应用示范推广进行了验收。验收组在卧佛镇冒石村3组对普州奶牛场青贮玉米种植基地正处于乳熟末期至蜡熟初期的青贮饲用玉米'渝青玉386'随机抽上、中、下各1个地块进行测产，每亩平均有效株数4 507.94株，实收面积420米²（0.63亩），下场平均鲜株重0.854千克，实收产量2 426.5千克，折合亩产3 851.59千克。

验收组认为，安岳县的青贮饲用玉米"双减"百亩核心示范区实施了选用国审青贮专用玉米品种、适时播种确保出苗整齐、适度增密提高生物产量减少杂草、坚持以农家肥为主减少化肥用量、安装智能太阳能杀虫灯防治虫害、适期收获等技术，带动了大面积青贮饲用玉米及籽粒玉米"双减"示范的推广。

2. 粒用玉米

2020年8月上旬，安岳示范区对驯龙、周礼、镇子、龙台、长河源、通贤等6个乡镇进行理论测产调查，按上、中、下三等，25%、50%、25%的比例选择代表性田块，调查田块数共计36个，70余亩。

通过对田间测产调查表明，玉米种植农户或种植大户、家庭农场、农业生产专业合作社等新型经营主体示范应用化肥农药减施增效技术，无论是籽粒玉米还是青贮饲用玉米，示范种植都达到了增产增收。2020年，虽遇苗期干旱，疫情影响，示范区通过错期播种、节水灌溉等系列措施有效保障复耕复产，每亩有效果穗数平均2 826.7穗，比2019年增加14.8穗；百粒重平均为28.8克，比2019年增加0.3克；穗粒数平均为572.6粒，比2019年增加11.4粒；秃尖平均1.25厘米，比2019年短0.75厘米；籽粒产量每亩平均396.23千克，比2019年增产13.95千克，增产3.65%。

通过化肥农药减施，安岳县100亩核心示范区饲用玉米平均每亩增收140.59千克，按每吨400元计增效56.24元，累计可增效5 624.00元；示范推广区30万亩籽粒玉米平均每亩增收13.95千克，按每千克2元计增效27.90元，累计可增效837万元。

图5　沼液追肥提苗

图6　人工中耕除草

图7　机械收割带苞青贮饲用玉米

四川浅丘区净作夏玉米化肥农药减施增效技术模式

玉米是四川主要的粮食作物之一，总产和面积都仅次于水稻，列全省第二位。近年来，依托重大项目实施，狠抓关键技术落实，四川省玉米种植面积年年扩大，总产屡创新高。2019年全省玉米面积 1.844×10^{6} 公顷，总产1 066万亩。为探索适合不同生态区的、能够大面积推广的玉化肥农药减施技术模式及配套推广机制，在绵阳三台等地区进行四川地区化肥农药减施增效技术模式推广示范，形成四川浅丘区净作夏玉米化肥农药减施增效技术模式。

一、技术概况

该技术模式以选用紧凑或半紧凑型、熟期适中、耐密、抗倒、丰产、优质、抗（耐）主要病虫害，籽粒脱水快，适宜机播的玉米品种为基础，4行精量播种机，一次完成开沟施肥、播种、覆土、镇压等工序，株距20厘米，行距70厘米，播深6厘米。播种密度4 700株/亩，成苗密度4 200株/亩，以增加玉米种植密度为核心，采用控释肥配合有机肥于播种时一次性机械化施入，以玉米新型种衣剂综合防治技术，结合中后期病虫害"一喷多效"技术无人机防控，实现化肥农药减施增效。该技术模式为麦后（油后）净作夏玉米，适宜平丘浅丘缓坡地机械化种植。技术应用模式为新型经营主体（专合社、家庭农场、种植大户）+专家。依托农业科研单位，由县级农技推广部门专业技术人员对接村集体、农户、新型经营主体等搭建辐射平台，开展试验示范，带动周边玉米化肥农药减施和增产增效。

二、技术要点

1. 地块选择

选择小麦或油菜收后，平丘、浅丘缓坡地适宜机械化耕种面积较大的地块。

2. 前作秸秆处理及整地

对前作留茬高度超过25厘米的地块，及时用秸秆还田机将留茬粉碎还田。采用中型以上旋耕机整地。整地时理好边沟，对面积超过1 334米²的地块要开中沟排湿，防止洪涝灾害。

3. 品种选择

选用紧凑或半紧凑型、熟期适中、耐密、抗倒、丰产、优质、抗（耐）主要病虫害，籽粒脱水快，适宜机播的品种。

4. 播种机选择

选用4行精量播种机，一次完成开沟施肥、播种、覆土、镇压等工序，株距20厘米，行距70厘米，播深6厘米（图1）。

图1 精量播种机播种（"农哈哈"2BYFSF-4C）

5. 播种前种子处理

播前精选种子，确保种子纯度≥98%，发芽率≥95%，发芽势强，籽粒饱满均匀，无破损粒和病粒。播前进行晒种、种子包衣或药剂拌种，增强种子活力，以控制苗期的病虫害。

6. 播种时间及播种密度

小麦、油菜收后及时旋耕机整地，5月下旬至6月上旬，抢墒情及时播种，5~10厘米耕层，土壤相对含水量达到70%左右。播种密度4 700株/亩，成苗密度4 200株/亩。对前作留茬高度不超过25厘米的地块，提倡免耕机播，保墒抗旱。

7. 施肥

采用控释肥于播种时一次性机械化施入（总养分≥44%，N：P：K为28：6：10，控释氮≥8%，用量675千克/公顷）。地力较差的地块进行有机无机配施，控释肥减量20%，增施商品有机肥351千克/公顷，或用农家有机肥30 000千克/公顷左右（图2）。

8. 除草

杂草3~4叶期进行茎叶除草1次。每亩用10%硝磺草酮SC 7克+多元醇型非离子表面活性剂15毫升。

9. 病虫害综合防控

以玉米新型种衣剂综合防治技术，结合中后期病虫害"一喷多效"技术（12%甲维·虫螨腈悬浮剂30毫升或200克/升氯虫苯甲酰胺悬浮剂3克+24%井冈霉素水剂30毫升+30%胺鲜·乙烯利水剂25毫升+助剂聚穿15克于喇叭口喷施或采用生物农药16 000国际单位/毫克苏云金杆菌粉剂50克+24%井冈霉素水剂30毫升+30%胺鲜·乙烯利水剂25毫升/亩+助剂聚穿15克于喇叭口喷施）对全生育期病虫害进行综合防控。主要防治玉米螟、大螟、草地贪夜蛾、纹枯病和防止徒长，采用无人机喷施农药（图3）。

图2　机械喷施生物农药（雪绒花自走式喷杆喷雾机3WP-800）

图3　无人机飞防（大疆T20）

10. 收获

籽粒完熟、乳线消失，收穗时籽粒含水率≤30%，收粒时籽粒含水率≤25%。收粒型收获机作业质量符合总损失率≤5%，籽粒破碎率≤5%，含杂率≤3%，残茬高度≤100毫米。

三、适宜区域

该技术适宜平丘浅丘缓坡地机械化种植。前茬作物为小麦、油菜等收后净作夏玉米。以家庭农场、专业合作社、种植大户等机械化程度较高的新型经营主体为主，带动周边玉米化肥农药减施和增产增效。

四、效益分析

通过实施秸秆还田（免耕直播）、良种包衣、精量机播、增加密度、药肥双减、绿色防控等综合技术措施，根据三台综合技术模式推广示范区（1.00×10^4公顷）测算，实现肥料利用率提高8%、化肥减量20%、化学农药利用率提高13%、化学农药减量30%，玉米平均增产3.1%，其中化学肥料减施增产1%，化学农药减施增产2%。辐射带动1.60×10^4公顷。共计减施化肥4 000吨，减施农药7 200千克，每亩增产12千克，示范区玉米增产4 800吨，节本增收5 200万元。

五、注意事项

一是品种选择紧凑或半紧凑型、熟期适中、耐密抗倒穗数型宜机品种，不宜选用株叶松散型大穗型品种。

二是做好播种前种子处理，播前进行晒种、精选种子，确保种子发芽势强，籽粒饱满均匀，无破损粒和病粒。种子包衣或药剂拌种，增强种子活力，以控制苗期的病虫害，提高种子成苗率。

三是前作留茬高度超过25厘米的地块，及时用秸秆还田机将留茬粉碎还田。

四是机播时间在6月10日前。

五是播种密度≥4 500株/亩，成苗密度≥4 200株/亩。播种时土壤湿度不能过大，避免播种出口堵塞，造成脱窝缺苗。

六是地力较差的地块进行有机无机配施。

六、技术依托单位

单位名称：四川省农业技术推广总站、绵阳市农业科学研究院、三台县农业农村局

联系人：崔阔澍、乔善宝

电子邮箱：scnj@vip.163.com

七、四川浅丘区净作夏玉米化肥农药减施增效技术模式图

月份	5	6		
	下	上	中	下
节气	小满	芒种		夏至
品种类型及产量构成	主要品种仲玉3号、协玉901、中单901、绵单1304、隆玉1069、正红6号等 产量构成：每亩4 000穗以上，每穗500粒左右，千粒重330～400克，单穗粒重180克左右			
生育时期	**播种**：5月下旬至6月上旬　　**出苗**：6月上旬至6月中旬　　**拔节**：7月中旬			
播前准备	选地	选择小麦或油菜收后，平丘、浅丘缓坡地适宜机械化耕种面积较大的地块		
	整地	对前作留茬高度超过25厘米的地块，及时用秸秆还田机将留茬粉碎还田。采用中型以上旋耕		
	精选种子	播前精选种子，确保种子纯度≥98%，发芽率≥95%，发芽势强，籽粒饱满均匀，无破损粒		
	种子处理	播前进行晒种、种子包衣或药剂拌种，增强种子活力，以控制苗期的灰飞虱、蚜虫、粗缩病、		
精细播种	选用4行精量播种机，一次完成开沟施肥、播种、覆土、镇压等工序，株距20厘米，行距70厘米，播深			
合理密植	选用紧凑或半紧凑型、熟期适中、耐密、抗倒、丰产、优质、抗（耐）主要病虫害，籽粒脱水快，适宜			
科学施肥	采用控释肥于播种时一次性机械化施入（总养≥44%，N∶P∶K为28∶6∶10，控释氮≥8%，用量675千克/公顷左右			
灌溉	根据气候和土壤条件，保证播种后苗全、苗齐、苗匀、苗壮；抽雄前后15天是玉米需水的关键时期，此雨多，应开够排湿，防止洪涝灾害			
病虫害防治	防治杂草	杂草3～4叶期进行茎叶除草1次。每亩用10%硝磺草酮SC 7克+多元醇型非离子表面活性剂		
	防治病害	以玉米新型种衣剂综合防治技术，结合中后期病虫害"一喷多效"技术（杀虫剂+杀菌剂+植生物农药防治方案：16 000国际单位/毫克苏云金杆菌粉剂50克+24%井冈霉素水剂30毫升+30%		
		化学农药防治方案：12%甲维·虫螨腈悬浮剂30毫升或200克/升氯虫苯甲酰胺悬浮剂3克+24%		
适时收获	保证9月10日以后收获，使玉米籽粒充分成熟，降低籽粒含水率，增加百粒重，提高玉米产量			
效益分析	实现肥料利用率提高8%、化肥减量20%，化学农药利用率提高13%、化学农药减量30%，玉米平均增产3%			

图4　四川浅丘区净作夏玉米

7			8			9	
上	中	下	上	中	下	上	中
小暑		大暑	立秋		处暑	白露	

抽雄、散粉、吐丝：8月中旬至8月下旬　　成熟、收获：9月上旬至9月中旬

机整地

和病粒

丝黑穗病及地老虎和金针虫等地下害虫

6厘米

机播的品种，播种密度≥4 500株/亩，成苗密度≥4 200株/亩

公顷）。地力较差的地块进行有机无机配施，控释肥减量20%，增施商品有机肥351千克/公顷，或用农家有机肥30 000千克/

期若缺水会造成果穗秃尖、少粒，降低粒重，造成减产。因此，此期若降雨偏少，出现旱情，应及时浇水补灌。若降

15毫升。注意不要在雨前或有风天气进行喷药

物生长调节剂+助剂于喇叭口喷施）对全生育期病虫害进行综合防控。采用无人机喷施农药。
胺鲜·乙烯利水剂25毫升/亩+助剂聚穿15克。
井冈霉毒水剂30毫升+30%胺鲜·乙烯利水剂25毫升+助剂聚穿15克（防治玉米螟、大螟、草地贪夜蛾、纹枯病和防止徒长）

化肥农药减施增效技术模式图

八、技术应用案例

四川浅丘区净作夏玉米化肥农药减施增效技术模式成形于2016年，经过5年改良完善，技术逐步成熟。其主要技术要点为品种优选、增密机播、药肥双减、绿色防控等综合技术的推广应用。2020年，改良后的技术模式在四川多个示范区进行推广示范，示范面积近8.00×10⁴公顷，辐射带动周边区域9.30×10⁴公顷，主要推广应用模式为新型经营主体（专合社、家庭农场、种植大户）+专家。例如，2020年，在三台县金石镇宏梅家庭农场（三台县宏运农机专业合作社）建核心示范片9公顷，开展全程机械化生产，注重农机农艺相融合，采用控释肥播种期一次性施用、新型种衣剂+"一喷多效"技术无人机防控，切实实现化肥农药减施增效，示范区节约成本100元/亩，化肥减量20%，化学农药减量30%，玉米平均增产12千克/亩，增幅3.1%，节本增收130元/亩，有效带动了周边玉米种植区化肥农药减施和增产增效（图5至图7）。

图5　化肥农药减施模式下玉米田间长势

图6　化肥农药减施模式下玉米田间测产

图7　化肥农药减施增效技术培训会

双季鲜食玉米复种轮作肥药减施增效技术模式

一、技术概况

随着我国玉米生产调结构、转方式，鲜食玉米种植面积快速扩大。南方光、温、水、热资源丰富，具有玉米耕作栽培制度和生物多样性资源优势，在多元多熟复种连作种植区域，双季鲜食玉米生产中品种选用不当、化肥和农药过量使用、缺乏配套技术等问题也愈加凸显。针对上述问题，集成了以良种选用、播期调控、合理密植、精简施肥、绿色防控、适时采收、秸秆还田等技术环节为核心的双季鲜食玉米复种轮作肥药减施增效技术。突出减肥减药，注重生产效率和效益；核心是肥量精减施用、适期采收、秸秆还田，注重环境友好和综合效益提升，对南方多熟复种区域双季鲜食玉米生产具有很好的引导促进作用。

二、技术要点

1. 良种选用

选择与当地栽培制度及生态、生产条件相适应，与当地肥力水平相适应，优质高产、抗逆抗病，通过国家审定或者省级审定，并得到生产检验和市场认可的品种。甜（糯）性好、口味纯正、质地柔嫩、营养丰富、果穗一致、籽粒整齐、结实饱满、皮薄渣少、出籽率高。

2. 耕地整地

选择土层深厚、土壤物理性状好，20厘米以下的土层呈上实下虚状态，土壤有机质含量1.5%以上，速效氮100毫克/千克，速效磷20毫克/千克，速效钾100毫克/千克以上的地块。秋季收获玉米后，在机械灭茬和秸秆粉碎还田基础上深耕（松）30~40厘米，打破犁底层，平整土地（翻、耕、耙、耢），改善墒情，应对玉米春季干旱，同时增强土壤保水保肥能力，促进根系生长。

3. 种子处理

对种子进行包衣（采用高巧+顶苗新包衣，主要成分是吡虫啉、种菌唑、甲霜灵），包衣条件应达到《农作物薄膜包衣种子技术条件》（GB/T 15671—2009）的要求。播种前，选择晴朗天气将种子摊开晾晒2~3天，注意翻动。

4. 适期播种

春播鲜食玉米露地直播3月底至4月初，地下5厘米土壤温度超过10℃后即可进行播种。7月上中旬前茬收获后及时播种秋玉米，播种时间应不晚于8月10日。地膜覆盖可提早7~10天播种，育苗移栽可提早10~15天播种，小拱棚套大拱棚，可提早1个月播种。考虑种植面积、生产季节、供应时间等，注意趋利避害（高温、梅雨、台风、干旱、病虫害）、均衡应市。

5. 隔离种植

品质和口感是衡量鲜食玉米至关重要的指标。为防止串粉，保证鲜食玉米品质不受外界因素影响，鲜食玉米种植时应进行空间或时间隔离。空间隔离：可利用山岭、树林、房舍等进行障碍隔离，在没有障碍物的平原地区种植时应有200米以上的隔离带；也可以采取时间隔离，错开与其他玉米花期，一般相隔25天左右播种即可避免与其他类型玉米串粉。

6. 合理密植

鲜食玉米主要是在乳熟期收获鲜果穗，果穗大小和均匀度、整齐度是影响其等级率、商品性和市场价格的重要因素，甜玉米种植密度在3 000～4 000株/亩，糯玉米3 500～4 500株/亩为宜，以确保穗大、穗匀，提高果穗商品性。

7. 水分管理、精准施肥

根据品种特性和生长发育规律，科学肥水管理。适墒播种，以确保播种和出苗质量，提高群体整齐度。苗期防受涝受渍，不让僵苗发生，中后期防止干旱，避免因水分不足而导致秃尖、瘪粒等严重影响果穗商品品质。鲜食玉米的施肥应根据其吸肥特性及当地土壤状况和肥料种类科学确定。氮肥施用量：每亩施纯氮15千克左右。施用方法：基种肥25%、穗肥75%，穗肥在7～8叶展开时穴施，掌握在株旁10～15厘米，鲜食玉米乳熟期采收，不必再施粒肥。大力推广新型肥料一次性施用技术，在基础地力水平较好地区，采用缓释肥在3叶期或6叶期一次性施用，有利于节本、提质、增产、增效。

8. 绿色防控

选用抗病虫优良品种，同时采用高质量包衣种子，并利用赤眼蜂、Bt菌剂等绿色安全防控技术，严禁使用高毒高残留农药，特别是吐丝后禁用农药。春播玉米播种或移栽前一周可用2 000～3 000倍液乙草胺喷施除草，大喇叭口期采用喷雾的方式用800～1 200倍液的福戈防治玉米螟，集中连片使用杀虫灯诱杀，可搭配性诱剂和食诱剂提升防治效果。优先采用农业防治和物理防治，科学开展生物防治和化学防治。

9. 适期采收

鲜食玉米的最适收获期为乳熟期，一般甜玉米授粉后21～23天，籽粒含水率70%～75%为宜，糯玉米和甜糯玉米授粉后23～26天，籽粒含水率60%～65%为宜。收获可采用机械收获（河北雷肯4YZT-4鲜食玉米收获机、山东巨明4YTZ-2甜玉米收获机），亦可采用人工摘穗。授粉后应及时联系收购商，提前做好预售计划，注意观察籽粒灌浆进度适时采收，以免影响品质。

10. 秸秆还田

鲜食玉米收获后，秸秆可作青贮进行机械收获，亦可将秸秆粉碎后全量还田。鲜食秸秆养分高、分解快，有利于提高土壤有机质含量，改善土壤地力（图1）。

三、适宜区域

适用于国家南方双季鲜食玉米生产区。

图1　秸秆还田

四、效益分析

鲜食玉米适宜采收期相对较短。为降低种植风险，提高种植效益，应以销定产，根据市场预期需求或加工需求落实种植面积，实现订单生产，防止盲目跟风大面积种植。根据市场和加工需求，可结合实际灵活采用露地栽培、覆膜栽培、温室大棚设施栽培等种植方式，分期播种，错期上市。

五、注意事项

双季鲜食玉米生产过程中，严格禁止使用高毒高残留农药，特别是吐丝后严禁喷施农药，确保食用安全。

六、技术依托单位

单位名称：扬州大学农学院

联系地址：江苏省扬州市邗江区文汇东路12号

联系人：陆大雷、李广浩

电子邮箱：dllu@yzu.edu.cn，guanghaoli@126.com

七、双季鲜食玉米复种轮作肥药减施增效技术模式图

月份	3	4			5			6		
	下	上	中	下	上	中	下	上	中	下
节气	春分	清明		谷雨	立夏		小满	芒种		夏至

品种类型及产量构成	主要品种：苏玉糯5号、苏玉糯11号、京科糯2000、万糯2000、粤甜16、维甜1号、苏科甜1506、产量构成：每亩4 000穗以上，每穗500～600粒，单果穗重300克左右			

生育时期	**春播（播种）：**3月下旬至4月上旬　　**出苗：**4月上旬至4月中旬　　**拔节：**5月上中旬 **秋播（播种）：**7月中旬至8月上旬　　**出苗：**7月中旬至8月上旬　　**拔节：**8月中旬至9月上旬

播前准备	选地	选择土层深厚、土壤物理性状好，20厘米以下的土层呈上实下虚状态，土壤有机质含量1.5%
	整地	春玉米收获后旋耕还田，整地播种；秋玉米收获后，秸秆全部粉碎还田后深耕（松）30～40
	精选种子	播前精选种子，确保种子纯度≥98%，发芽率≥95%，发芽势强，籽粒饱满均匀，无破损粒和
	种子处理	播前进行晒种、种子包衣或药剂拌种，增强种子活力，防治苗期的灰飞虱、蚜虫、粗缩病、

精细播种	糯玉米或甜糯玉米可采用玉米精量播种机播种，一次完成施种肥、播种、开沟、镇压等工序。甜玉米人土、沙壤土，播深4～5厘米。播种机械作业质量要求应符合《玉米免耕播种机》（NY/T 1628—2008）作1.5千克

合理密植	鲜食玉米主要是在乳熟期收获鲜果穗，果穗大小和均匀度、整齐度是影响其等级率、商品性和市场价格

科学施肥	鲜食玉米的施肥应根据其吸肥特性及当地土壤状况和肥料种类科学确定。氮肥施用量：每亩施纯氮15千克收，不必再施粒肥。大力推广新型肥料一次性施用技术，在基础地理水平较好地区，采用缓释肥在3叶

水分管理	适墒播种，以确保播种和出苗质量，提高群体整齐度。配套田间沟系，做到能灌能排。苗期防受涝受

病虫害防治	防治杂草	春播玉米播后苗前或移栽前一周可用2 000～3 000倍液乙草胺喷施进行封闭。喷药时应退着
	防治病害	①丝黑穗病：采用种衣剂包衣，播前按药种比1：40进行包衣，或用10%烯唑乳油20克拌种 ②粗缩病：蚜虫和灰飞虱是玉米粗缩病的传播者，应对其进行重点防治。 ③大斑病、小斑病：发病初期，用50%多菌灵500倍液喷雾，每隔5天喷1次，连喷2～3次。 ④瘤黑粉病：在三唑酮拌种基础上，于抽雄前10天左右喷施500～800倍液的50%福美双可湿 ⑤南方锈病：发病初期喷施25%三唑酮可湿性粉剂1 500～2 000倍液，或用25%丙环唑乳油
	防治玉米螟	采取生物防治和化学防治相结合的方法。生物防治包括释放赤眼蜂和白僵菌封垛两种方法。 ①赤眼蜂防治：在越冬代玉米螟化蛹率20%时，后推8天进行第1次放蜂，间隔5天后进行 ②白僵菌防治：在越冬代玉米螟化蛹前，按每平方米用0.2千克菌粉进行封垛。另外，还可磷1 000倍液进行喷雾防治

适时收获	鲜食玉米的最佳收获期为乳熟期，一般甜玉米授粉后21～23天，籽粒含水率70%～75%为宜，糯玉米和甜

效益分析	鲜食玉米适宜采收期相对较短。为降低种植风险，提高种植效益，应以销定产，根据市场预期需求或加培、覆膜栽培、温室大棚设施栽培等种植方式，分期播种，错期上市

图2　双季鲜食玉米复种轮作

7			8			9			10			11
上	中	下	上	中	下	上	中	下	上	中	下	上
小暑		大暑	立秋		处暑	白露		秋分	寒露		霜降	立冬

京科甜367和苏科糯1505等

抽雄、散粉、吐丝：6月中下旬　　　　**成熟、收获**：7月上中旬
抽雄、散粉、吐丝：9月上旬至10月上旬　　**成熟、收获**：9月下旬至11月上旬

以上，速效氮100毫克/千克，速效磷20毫克/千克，速效钾100毫克/千克以上的地块

厘米（3～4年/次），打破犁底层，平整土地，改善墒情，同时增强土壤保水保肥能力，促进根系生长

病粒

丝黑穗病及地老虎和金针虫等地下害虫

工播种或乳苗移栽。土壤墒情较好的地块，播深3～4厘米，黏土或土壤过湿时，播深2～3厘米，底墒不足，特别是沙业质量要求。按种子发芽率、种植密度等确定播种量，一般播种量：糯玉米或甜糯玉米每亩1.5～2千克，甜玉米1.0～

的重要因素，甜玉米种植密度在3 000～4 000株/亩，糯玉米3 500～4 500株/亩为宜，以确保穗大、穗匀，提高果穗商品性

左右。施用方法：基种肥25%、穗肥75%，穗肥在7～8叶展开时穴施，掌握在株旁10～15厘米内，鲜食玉米乳熟期采期或6叶期一次性施用，有利于节本、提质、增产、增效

溃，不让僵苗发生，中后期防止干旱，避免因水分不足而导致秃尖、瘪粒等严重影响果穗商品品质

均匀喷雾于土壤表面，切忌漏喷或重喷，以免药效不好或发生局部药害。另外，注意不要在雨前或有风天气进行喷药

子100千克，堆闷24小时，或50%多菌灵按种子重量的0.7%进行拌种。

性粉剂，可有效减轻黑粉病的再侵染。
3 000倍液，或用12.5%烯唑醇可湿性粉剂4 000～5 000倍液，10天左右一次，连续防治2～3次

第二次放蜂（每亩放蜂1.5万头、1个放蜂点）。
利用化学药剂如穗期用3%辛硫磷颗粒剂（每亩250克，拌细沙5～6千克，撒于玉米心叶或叶腋），授粉后用50%辛硫

糯玉米授粉后23～26天，籽粒含水率60%～65%为宜

工需求落实种植面积，实现订单生产，防止盲目跟风大面积种植。根据市场和加工需求，可结合实际灵活采用露地栽

肥药减施增效技术模式图

八、技术应用案例

江苏省南通市海门国营江心沙农场有限公司，地处全国百强县市——海门市西南部，南临长江，东有海太汽渡、崇启大桥、崇海大桥，西有苏通大桥，基地已纳入上海一小时黄金区位圈，到高桥保税区和浦东国际机场耗时为30～60分钟，距离南通机场、南通市区仅需30分钟。核心示范基地（江苏特粮特经产业技术体系海门推广示范基地）占地面积65亩，集成示范基地占地500亩，辐射示范基地3万亩。基础设施完备，沟渠齐全，电林路配套。2008年成立了海门市江心沙欣绿食品厂，拥有300吨保鲜库，具备日处理15吨鲜果穗能力的生产流水线1条和速冻库2座。公司常年种植鲜食玉米1万亩以上，品种有苏玉糯1号、苏玉糯2号、苏玉糯5号、苏玉糯11号、中糯2号等。2017年利用江苏现代农业产业技术体系平台，协同开展两季鲜食玉米周年轮作模式示范，主要包括选用良种、播期调控、隔离种植、合理密植、精准施肥、绿色防控、适时采收、秸秆还田等技术环节，形成了以双季鲜食玉米为主的绿色优质高效精简种植模式，较该地区传统种植模式每亩节省人工1～2个，节肥15%～20%，减药10%～15%，增产5%～10%。其复种指数均达200%以上，亩纯收益900～5 000元，年收益2 000万左右。常年生产"海绿"无公害玉米6 400吨左右，主要销往苏南、苏中等地区的大中城市。

江西双季鲜食玉米复种肥田萝卜技术模式

一、技术概况

双季鲜食玉米是江西玉米种植的主要组成部分，多家企业、合作社、种植大户均采用了此生产模式，但生产中往往存在化肥农药施用量大、有机肥用量少，施肥方式粗放，土壤结构性变差等问题。通过双季鲜食玉米复种绿肥，能有效利用鲜食玉米种植茬口期，减少冬闲田水土流失，增加了有机肥的施用量，减少化肥用量，提升土壤团粒结构和肥力水平，有利于鲜食玉米产业的可持续发展。此种模式绿肥品种的鉴选、播种、翻压是关键环节。在国家"山地玉米双减"项目的支持下，双季鲜食玉米种植模式下，围绕绿肥品种选择、播期确定、适时翻压、玉米化肥农药减施比例、配套农机具选择等一系列研究工作，集成了双季鲜食玉米种植制度下混播肥田萝卜和光叶苕子高效生产模式，并在江西玉米主产区大面积示范推广。该技术模式具茬口安排合理，绿肥还田生物量大，养分搭配合理，能减少玉米化肥农药施用量、培肥地力、增产增收等优点，有利于促进江西省玉米产业绿色、优质、高效的发展。

二、技术要点

1. 绿肥播前准备

品种选择：肥田萝卜可选择信丰白萝卜、浏阳萝卜、新田萝卜，冬季作为蔬菜用萝卜品种也可以作为肥田萝卜种植。

种子处理：播种前晒种1～2天，以提高种子发芽势。然后采用50～60℃温水浸种，其操作方法为：在水桶和盆中加适量水，用热水将水温调至50～60℃后放入种子，水量以淹没种子为宜。其后让水自然冷却，浸泡4～8小时后捞出种子，在阴凉处沥干水分或晾干后播种。

整地：若选择在玉米收获后播种肥田萝卜，可以整地后播种，也可以直接播种，建议有条件地区整地播种，翻耕整地使土壤疏松，有利于肥田萝卜扎根生长，整地时用机械或人力翻耕耙细土壤，再开沟作畦，畦宽以玉米种植为标准，一般畦宽180厘米，沟宽55厘米，种植3行玉米。

2. 绿肥适时播种

播种时期：在双季玉米—肥田萝卜轮作制度中，肥田萝卜播种期为10月下旬至11月中旬。不能迟于11月下旬。

播种方式：常用的方式是撒播和条播，采用两种方式均可。撒播，在土壤墒情较好时，将种子均匀撒入田间，在播后结合中耕除草、松土等措施，使种子进入土层，以提高出苗率；条播，开2～4厘米深小沟，行距20～40厘米，将种子均匀播于沟中，播后覆土，播种深度以2～4厘米为宜，干旱时宜深，湿润时宜浅。肥田萝卜可单种，但建议与适量的光叶苕子混播。混种能发挥不同作物优势，肥田萝卜有利于活化磷、钾，而苕子可以固氮，可以提高培肥效果。

播种量如下。

（1）撒播。单播肥田萝卜播种量为0.75～1.0千克/亩，如果混种光叶苕子，肥田萝卜用量0.3～0.5千克/亩，可在播前掺入光叶苕子2～4千克。

（2）条播。肥田萝卜播种量为0.5～0.75千克/亩，如果混种光叶苕子，肥田萝卜用量0.25～0.4千克/亩，在播种前掺入光叶苕子2～3千克/亩。一般根据土壤肥力、墒情、整地、播期情况适当调整播种量（图1）。

图1　肥田萝卜混播光叶苕子生长情况

3. 绿肥田间管理

水分管理：如遇秋、冬或早春干旱，有条件情况下应及时灌水，如遇雨水较多天气，应及时排水。

施肥：播种肥田萝卜时，一般不用施肥，但对于一些较为贫瘠的土壤，建议施5～15千克/亩尿素。一般不用追肥，但如果肥田萝卜苗期或春后长势较差，可追施尿素3～5千克/亩。

杂草及防治：种植萝卜一般不需要除草，如果生长早期未封行时杂草过多，影响肥田萝卜生长时需进行中耕锄草。

病害防治：霜霉病，可用75%百菌清可湿性粉剂500倍液，或用64%杀毒矾500倍溶液喷雾，每7～10天喷1次，连喷2～3次，每次药液量30～50千克/亩。黑腐病，75%百菌清可湿性粉剂500～600倍液，每7～10天喷1次，连喷2～3次，每次药液量30～50千克/亩。软腐病，发病初期用农抗120～150倍液，每次药液体量30～50千克/亩，4 000倍液进行灌根处理，每次药液体量200千克/亩，尽量将药液喷到下部叶子上。

虫害防治：蚜虫，用20%辟蚜雾2 500倍液，或用40%乐果800～1 000倍液50千克/亩喷施。菜青虫，用Bt乳剂，或用其他适宜药剂防治。

4. 绿肥翻压情况

翻压利用：一般在玉米移栽前10～20天翻压。不同地区翻压有所不同。作绿肥用的肥田萝卜结荚初期翻压，此时鲜草产量和养分含量最高，翻压后要保证适度腐解，否则可能影响移栽玉米苗的正常生长，如气温高分解快，翻压时期宜迟，气温低分解慢时，翻压时期宜早，土壤黏重宜早翻压，土壤质地轻松肥沃宜迟翻压。翻压量一般为1 000～1 500千克/亩为宜，可根据土壤肥力情况进行调整，土壤肥力高时可以适当减少翻压量，土壤肥力低时应提高翻压量。

翻压方法：玉米移栽前整地、进行翻压，在直接翻压有困难时，可用秸秆还田机先将绿肥打碎，再用旋耕机翻压。

5. 玉米施肥及栽培管理

肥田萝卜翻压可替代部分化肥，翻压绿肥的地块可以根据田块肥力情况可适当减少化肥用量。一般可减少10%～30%。

鲜食玉米产量800～1 000千克情况下，化肥用量一般推荐量为氮（N）12～15千克，磷（P_2O_5）4～6千克，钾（K_2O）11～12千克，绿肥还田后，建议氮减少10%～20%，磷、钾减少20%～40%，化肥用量一般推荐量为氮（N）10～13千克，磷（P_2O_5）3～4千克，钾（K_2O）8～9千克。不同地区可根据肥力水平，目标产量适当调整化肥用量，一般基施磷钾肥，50%～60%氮肥。在苗期追施40%～50%氮肥。

玉米栽培按照当地高产种植技术执行，可采用起垄机整畦，畦宽180厘米，沟宽55厘米，移栽3行玉米，株距20～30厘米。

三、适宜区域

本模式适用于江西省双季玉米生产区，可以作为江西省相邻气候区域双季玉米—肥田萝卜种植时参考。

四、效益分析

双季玉米复种绿肥（肥田萝卜+光叶苕子）模式（图1），鲜食玉米产量较常规施肥增加4%～6%，平均亩产增收230元，每亩增加经济收益为260.5元。玉米化肥减少约20%，杂草密度减少47%，具有很大减药潜力。土壤肥力水平明显提高，土壤有机质平均提高1.8%，全氮提高5.6%，碱解氮提高6.7%，有效磷提高2.4%，速效钾提高2.9%。

五、注意事项

茬口要求：双季鲜食玉米的第一季一般在3月中旬到4月上旬移栽，第二季收获在10月下旬到11月上旬，绿肥茬口期在11月上旬到3月中旬，非常适合肥田萝卜生长，混种豆科绿肥光叶苕子效果更好，有利于取长补短，增加群体密度而提高绿肥总产量，增加养分供给，提高培肥效果。

六、技术依托单位

单位名称：江西省农业科学院土壤肥料与资源环境研究所

联系人：侯红乾

电子邮箱：hugh_hhq@yeah.net

七、双季鲜食玉米复种肥田萝卜技术模式图

月份	10	11			12			1		
	下	上	中	下	上	中	下	上	中	下
节气	霜降	立冬		小雪	大雪		冬至	小寒		大寒

品种类型		主要品种：肥田萝卜可选择信丰白萝卜、浏阳萝卜、新田萝卜、蔬菜萝卜等
生育时期		**播种**：10月下旬至11月中旬　　**出苗**：11月上旬至11月下旬　　**盛花期**：3月中旬至3月下旬
播前准备	选地	对土壤要求不高，耐酸、耐干旱、耐贫瘠，一般玉米种植田块均能种植
	整地	秋季收获玉米后，翻耕整地使土壤疏松，有利于肥田萝卜扎根生长，整地时用机械或人玉米
	精选种子	肥田萝卜种子质量要求，即纯度不低于85%、净度不低于95%、发芽率不低于94%、水分
	种子处理	播种前晒种1～2天，然后采用50～60℃温水浸种，其操作方法为：在水桶和盆中加适量在阴凉处沥干水分或晾干后播种
精细播种		常用的方式是撒播和条播，采用两种方式均可。撒播：在土壤墒情较好时，将种子均匀撒入田间。在种子均匀播于沟中，播后覆土。播种深度以2～4厘米为宜，干旱时宜深，湿润时宜浅。肥田萝卜可单种，效果
合理密植		撒播：单播肥田萝卜播种量为0.75～1.0千克/亩，如果混种光叶苕子，肥田萝卜用量0.3～0.5千克/亩、0.4千克/亩。一般根据土壤肥力、墒情、整地、播期情况适当调整播种量
科学施肥		施肥原则：播种肥田萝卜时，一般不用施肥，但对于一些较为贫瘠的土壤，建议施5～15千克/亩尿素。
灌溉		肥田萝卜，如遇秋、冬或早春干旱，有条件情况下应及时灌水，如遇雨水较多天气，应及时排水
病虫害防治	防治杂草	种植萝卜一般不需要除草，如果生长早期未封行时杂草过多，影响肥田萝卜生长时需进
	防治病害	①霜霉病：75%百菌清可湿性粉剂500倍液，或用其他适合药剂，每7～10天喷一次，连喷②黑腐病：75%百菌清可湿性粉剂500～600倍液，或用其他适合药剂，每7～10天喷一次，③软腐病：发病初期在当地农技人员指导下选用适当药剂喷雾防治。尽量将药液喷到下
	防治玉米螟	①蚜虫：用20%辟蚜雾2 500倍液，或用40%乐果800～1 000倍液50kg/亩喷施。②菜青虫：用Bt乳剂，或用其他适当药剂
适时翻压		一般在玉米移栽前10～20天翻压。翻压时期为结荚初期，即结荚占50%～60%，此时鲜草产量和养分含量据土壤肥力情况进行调整，土壤肥力高时可以适当减少翻压量，土壤肥力低时应提高翻压量
效益分析		以双季玉米复种绿肥（肥田萝卜+光叶苕子）为例，鲜食玉米产量较常规施肥增加4%～6%，平均亩产

图2　双季鲜食玉米复种

2			3			4			5	
上	中	下	上	中	下	上	中	下	上	中
立春		雨水	小寒		大寒	清明		谷雨	立夏	

结角期：4月上旬至4月中旬　　**成熟期：**5月上旬至5月中旬

力翻耕耙细土壤，再开沟作畦，可用机械开沟作畦，畦宽以玉米种植为标准。一般畦宽180厘米，沟宽55厘米，种3行

含量不高于8%

水，用热水将水温调至50～60℃后放入种子，水量以淹没种子为宜。其后让水自然冷却，浸泡4～8小时后捞出种子，

播后结合中耕除草、松土等措施，使种子进入土层，以提高出苗率。条播：开2～4厘米深小沟，行距20～40厘米，将
但建议与适量的苕子混播。混种能发挥不同作物优势，肥田萝卜有利于活化磷、钾，而苕子可以固氮，可以提高培肥

在播前掺入光叶苕子2～4千克，条播：肥田萝卜播种量为0.5～0.75千克/亩，如果混种光叶苕子，肥田萝卜用量0.25～

一般不用追肥，但如果肥田萝卜苗期或春后长势较差，可追施尿素3～5千克/亩

行中耕锄草

2～3次，每次药液量30～50千克/亩。
连喷2～3次，每次药液量30～50千克/亩。
部叶子上

最高，翻压后要保证适度腐解，否则可能影响移栽玉米苗的正常生长，翻压量一般为1 000～1 500千克/亩为宜，可根

增收230元，每亩增加经济收益为260.5元

肥田萝卜技术模式图

八、技术应用案例

2019—2020年在江西省九江市柴桑区江洲镇进行优化模式推广试验示范。绿肥生长的茬口期为10月下旬到翌年3月中旬，绿肥的播种、管理、适时翻压是本模式的要点，首先通过在种粮大户试验、示范、再带动周围农民推广。优化模式较常规技术相比：鲜食玉米产量较常规施肥增加4%左右，两季亩产增收196元；玉米化肥减少约20%，杂草密度减少47%，肥料、除草剂成本减少150.5元/亩；绿肥成本增加120元/亩；综合经济效益增加226.5元/亩。

2019—2020年在江西省进贤县张公镇进行优化模式推广试验示范。绿肥生长茬口期为11月上旬到翌年4月上旬，绿肥的播种、管理、适时翻压是本模式的要点，通过当地科研单位试验、技术指导，将优化模式推广到附近农民。优化模式较常规技术相比：鲜食玉米产量较常规施肥增加6%左右，两季亩产增收264元；玉米化肥减少约20%，杂草密度减少50%，肥料、除草剂成本减少150.5元/亩；绿肥成本增加120元/亩；综合经济效益增加294.5元/亩。

鲜食玉米/绿肥间作种植技术模式

一、技术概况

　　草害是鲜食玉米稳产高产的主要限制因素之一，而生态控草是现代农业实现农药减施增效的重要手段。鲜食玉米行间间作柽麻、赤小豆、绿豆等绿肥作物，可显著减少鲜食玉米田间杂草发生，其增产效果与苗后化学除草增产效果相当。鲜食玉米绿肥间作模式，不改变田间杂草种群总体结构，对玉米及其后茬作物安全；可显著增加玉米根际土壤固氮菌含量，提高鲜食玉米对氮肥的利用率。柽麻、赤小豆、绿豆生态适应性广，生物量适中，生长条件与玉米相近，因而具有广泛的区域适应性（图1）。

图1　玉米—豆类

二、技术要点

1. 品种选择

　　根据当地自然环境、生产条件及市场需求，因地制宜选择国家或省级农作物品种审定委员会审定或引种备案、抗性强的鲜食玉米品种。依据当地生态条件选择柽麻、赤小豆、绿豆等适种绿肥品种。

2. 耕地整地

　　清除前茬作物的病株残体、杂草后，深耕30~40厘米，耙碎平整后，起垄作畦。围沟、畦沟、腰沟三沟配套。

3. 施用基肥

　　耙平前根据土壤地力，撒施适量肥料作基肥。肥料选择做到有机无机合理搭配、营养元素科学配比。

4. 种子处理

　　播种前玉米种子和绿肥种子均晒种1~2天。选择用于防治小地老虎、草地贪夜蛾、蚜虫、蓟马等玉米苗期害虫的药剂如噻虫胺、噻虫嗪、氯虫苯甲酰胺等，防治丝黑穗病、根腐病、茎腐病等玉米种传/土传病害的药剂，如噁霉灵、咯菌腈、三唑酮、戊唑醇、烯唑醇等，按使用说明进行鲜食玉米种子包衣，晾干后播种。

5. 播期确定

根据当地气候、无霜期长短、玉米品种生育期长短和上市需求适时播种鲜食玉米。直播玉米田，绿肥与玉米同时播种；育苗移栽玉米田，玉米移栽时，播种绿肥。

6. 播种方式

鲜食玉米根据生产条件进行直播或育苗移栽。直播采用双粒播种，育苗于幼苗2叶1心时进行移栽。种植密度依据品种特性和栽培条件而定。绿肥间作配置方式为玉米行间直播。桂麻采用条播法均匀撒播，播种量以22.5千克/公顷左右为宜。绿豆、赤小豆采用穴播，株距25厘米左右为宜。

7. 大田管理

（1）及时间苗、补苗。直播鲜食玉米，6片可见叶期进行定苗、补苗；育苗移栽鲜食玉米，及时查苗、补苗。定苗、补苗时，应做到去弱（病、虫伤）留壮，去杂留纯，并尽量保持田间苗株大小一致。

（2）水分管理。视土壤墒情和玉米生长发育进程适时灌溉、及时排渍。春播多雨季节应注意排涝，雨停沟内无积水。若遇干旱天气应做好抗旱，提倡采取滴灌或沟灌。鲜食玉米苗期以由于植株较小，叶面积不大，蒸腾量低，需水量较小。土壤含水量12%~16%比较适宜。拔节、大喇叭口、吐丝、灌浆期等关键时期，玉米需水量大，根据土壤墒情及时进行节水灌溉。

（3）科学追肥。根据鲜食玉米长势，采用玉米株间穴施法适时追施适量化肥。一般于苗期（4~5叶期）、拔节期、大喇叭口期各追肥一次。穗期可适当喷施0.1%~0.2%硫酸锌水溶肥和0.3%磷酸二氢钾液肥。

（4）草害防控。播种后，选用乙草胺、异丙甲草胺等登记用于防治玉米田杂草的播后芽前除草剂，进行封闭除草。用水量根据土壤墒情而定。土壤墒情差时，应加大兑水量，确保除草剂药液在土壤表面形成完整的封闭膜，从而达到良好的控草效果。同时，也为行间绿肥作物生长创造良好条件。

（5）化控防倒。抽雄前10~15天，喷施玉米生长调节剂壮丰灵或玉黄金等化学调控物质（浓度为通常用量的1/3~1/2），调控玉米群体发育和抗倒伏能力。

（6）病虫害防控。以农业、物理、生物防治为核心，化学防治相协同。

①农业防治：选用抗病品种，合理轮作，高畦栽培；春玉米田及时清沟排渍；及时清除田间病叶/株，并用石灰对病穴土壤进行消毒等。

②物理防治：采用诱芯诱集草地贪夜蛾、斜纹夜蛾、玉米螟等；悬挂黄板等诱集蚜虫，或悬挂银膜条等驱避蚜虫；也可利用频振杀虫灯、黑光灯、高压灯、双波灯等诱杀。

③生物防治：合理利用天敌，优先采用赤眼蜂杀虫卡、白僵菌、植物食诱剂等防控害虫。

④药剂防治：病虫害药剂防治宜治早治小；优先选用生物药剂，不同类型药剂轮换使用；用足水量，电动喷雾器药液用量750千克/公顷，无人机药液量3千克；严格遵守安全间隔期。

草地贪夜蛾、斜纹夜蛾、黏虫、玉米螟、棉铃虫等：可选用甘蓝夜蛾核型多角体病毒、苏云金杆菌等微生物菌剂，阿维菌素、甲氨基阿维菌素苯甲酸盐、四氯虫酰胺、氯虫苯甲酰胺、高效氯氟氰菊酯等药剂。早晚施药，重点喷施心叶和穗。

蚜虫、蓟马等：可选用吡虫啉、呋虫胺、吡蚜酮、吡丙醚、噻嗪酮、氟啶虫酰胺等。

玉米纹枯病、小斑病、大斑病、灰斑病等：选用肟菌酯、戊唑醇、苯醚甲环唑、嘧菌酯等。

锈病、瘤黑粉病等：选用三唑酮、戊唑醇、烯唑醇、三唑醇、氟环唑、丙环唑等。

病毒病：彻底防治蚜虫等传毒媒介，是防治病毒病的关键。

8.适期采收

于抽丝后20～25天，视果穗成熟情况及时收获。

9.秸秆处理

（1）饲用。鲜食玉米秸秆营养较为丰富，可根据需求和条件采用青贮、黄贮、氨化、糖化等方式进行贮存、饲用。

（2）秸秆还田。玉米秸秆还田，可增加土壤有机质含量，改良土壤结构，培肥地力，是实现减施增效的重要手段之一。还田时，应注意足墒还田，适当增施氮肥，以利于秸秆腐烂分解。

三、适宜区域

柽麻、赤小豆、绿豆3种绿肥作物对土壤条件的要求低于鲜食玉米，气候条件要求与鲜食玉米相近。因此，该模式适具有广泛的区域适应性。

四、效益分析

玉米/柽麻、玉米/赤小豆、玉米/绿豆间作对鲜食玉米田间杂草的鲜重防控效果平均可达52%以上。与鲜食玉米单作相比，鲜穗产量平均提高5%以上，增产700千克/公顷以上，单价按2元/千克计，增收1 400元/公顷以上。与玉米单作+苗后除草剂茎叶处理相比，增产效果相当，减施苗后除草剂1次，用药成本按225元/公顷计，用工成本按225元/公顷计，节约开支450元/公顷。

该技术模式不仅具有良好的抑草和增产效果，而且不改变田间杂草种群结构，有助于维持田间生态系统的多样性和稳定性。同时还能增肥地力和节约劳力。因而该技术模式的推广应用，具有显著的经济、社会、生态效益。

五、注意事项

播后芽前进行封闭除草时，应根据土壤墒情用足水量。土壤墒情差时，应加大兑水量，确保除草剂药液在土壤表面形成完整的封闭膜，从而达到良好的控草效果，也为行间绿肥作物生长创造良好条件。

六、技术依托单位

单位名称：江西省农业科学院植物保护研究所

联系人：华菊玲

电子邮箱：huajl2000@126.com

七、鲜食玉米/绿肥间作种植技术模式图

月份	3	4			5		
	下	上	中	下	上	中	下
节气	春分	清明		谷雨	立夏		小满

品种类型及产量构成	主要品种：赣科甜6号、金白糯、美玉8号等 产量构成：每亩3 000穗以上，鲜穗重280克以上		
生育时期	**播种**：3月下旬至4月底　　**出苗**：4月上旬至5月上旬　　**拔节**：5月中旬至6月上旬		
播前准备	选地	选择土层深厚、土壤物理性状好，20厘米以下的土层呈上实下虚状态，土壤有机质
	整地	清除前茬作物的病株残体及田间杂草，在机械灭茬和部分秸秆粉碎还田基础上深生长
	精选种子	播前精选种子，确保种子纯度≥98%，发芽率≥95%，发芽势强，籽粒饱满均
	种子处理	播前进行晒种、种子包衣或药剂拌种，增强种子活力，以控制苗期的灰飞虱、蚜
精细播种	适时播种，切忌过早播种，以减少弱苗，提高出苗整齐度，避免病虫害特别是地下害虫和丝黑穗病露地栽培采用等行距机械播种，做到播深一致、下种均匀。播种后及时镇压保墒。温棚育苗采用穴玉米行间直播。苘麻采用条播法均匀撒播播种量以1.5千克左右为宜。绿豆、赤小豆采用穴播，株距		
合理密植	适宜留苗密度为每公顷48 000～52 500株。定苗时，要多留10%苗，留大苗、壮苗，以提高保株成15天，喷施玉米生长调节剂壮丰灵或玉黄金等化学调控物质（浓度为通常用量的1/3～1/2）可有效地		
科学施肥	①施肥原则：根据"因需施肥"的高产施肥原则，确定多元素肥料的配方及施用方法。肥料运筹 ②施肥量：每年每公顷高产田增施优质有机肥30米³、氮255～300千克、P₂O₅ 150～180千克、K₂O ③施肥时期：分基肥、苗肥、拔节肥、穗肥和花粒肥5次施用。具体施肥次数据玉米长势而定。 ●基肥：结合深耕，将全部有机肥、约占总氮量40%的复合肥施入土壤中。 ●苗肥：5～6叶期，穴施约占总氮量10%的复合肥。 ●拔节肥：拔节期，穴施约占总氮量20%的复合肥。 ●穗肥：大喇叭口期，穴施约占总氮量30%的复合肥。可适当喷施0.1%～0.2%硫酸锌水溶肥和		
灌溉	春播多雨季节应注意排涝，雨停沟内无积水。出现旱情及时灌溉，提倡采取滴灌或沟灌。鲜食玉米灌浆期等关键时期，玉米需水量大，根据土壤墒情及时进行节水灌溉		
病虫害防治	防治杂草	播种后及时喷施化学除草剂。一般可选用乙草胺乳油、异丙甲草胺等，兑水525～液在土壤表面形成完整的封闭膜，从而达到良好的控草效果
	防治病害	应做到以抗病利用品种、合理轮作、健身栽培等为核心，化学防治相协同。 药剂防治如下。 玉米纹枯病、小斑病、大斑病、灰斑病，选用肟菌酯、戊唑醇、苯醚甲环唑、嘧忌随意加大用药量。 锈病、瘤黑粉病，选用三唑酮、戊唑醇、烯唑醇、三唑醇、氟环唑、丙环唑等药照使用说明推荐用药量进行施用，切忌随意加大用药量。 病毒病，彻底防治蚜虫等传毒媒介，是防治病毒病的关键
	防治草地贪夜蛾、玉米螟等	采取生物防治和化学防治相结合的方法。生物防治包括释放赤眼蜂和白僵菌封垛2 ①赤眼蜂防治：在越冬代玉米螟化蛹率20%时，后推8天进行第1次放蜂，间隔5天 ②白僵菌防治：在越冬代玉米螟化蛹前，按每平方米用0.2千克菌粉进行封垛。 化学药剂：可选用甘蓝夜蛾核型多角体病毒、苏云金杆菌等微生物菌剂，阿维菌穗。电动喷雾器药液用量750千克/公顷，无人机药液量45千克/公顷
适时收获	于吐丝后20～25天，视鲜棒成熟情况及时收获。鲜穗产量比单作提高4.36%～7.01%		
效益分析	与鲜食玉米单作相比：绿肥间作鲜食玉米鲜穗产量平均提高5%以上，增产700千克/公顷以上，单价 与玉米单作+苗后除草剂茎叶处理相比：二者增产效果相当，绿肥间作鲜食玉米减施苗后除草剂		

图2　鲜食玉米/绿肥

	6			7	
上	中	下	上	中
芒种		夏至	小暑	

抽雄、散粉、吐丝：6月中旬至6月下旬　　　**成熟、收获**：7月上中旬

含量1.5%以上，速效氮100毫克/千克左右，速效磷20毫克/千克左右，速效钾100毫克/千克左右的地块

耕（松）30~40厘米，打破犁底层，平整土地（翻、耕、耙、耢），改善墒情，同时增强土壤保水保肥能力，促进根系

匀，无破损粒和病粒

虫、草地贪夜蛾、地老虎、金针虫粗缩病、丝黑穗病等苗期病虫害

等土传病害的侵害。一般5~10厘米地温稳定达到7~8℃，即4月上旬至4月底进行播种（温棚育苗可提前至3月下旬）盘育苗。根据品种特性、留苗密度及种子质量等因素综合确定适宜播种量，一般每亩3~4千克。绿肥间作配置方式为25厘米左右为宜

穗率。辅助措施包括：3叶期及时间苗、5叶期及时定苗，留大苗、壮苗、齐苗；及时去除病株和无效株；抽雄前10~控制玉米群体发育，具有较好增产效果

上，增施有机肥、重施基肥、减少拔节肥、重施穗肥、增施花粒肥。
150~195千克（折合尿素555~645千克、标准过磷酸钙1 065~1 290千克、硫酸钾315~405千克）。

0.3%磷酸二氢钾液肥

苗期由于植株较小，叶面积不大，蒸腾量低，需水量较小，土壤含水量12%~16%比较适宜。拔节、大喇叭口、吐丝、

900千克/公顷均匀喷雾于土壤表面。具体用水量应根据土壤墒情而定用。土壤墒情差时，应加大兑水量，确保除草剂药

菌酯等药剂，于发病初期进行喷雾防治。连续用药2~3次，每次间隔7天左右。按照使用说明推荐用药量进行施用，切

剂，锈病于发病初期进行喷雾防治。连续用药2~3次，每次间隔7天左右。瘤黑粉病抽雄前10天左右进行喷药防控。按

种方法。
后进行第二次放蜂（每公顷放蜂22.5万头、1个放蜂点）。

素、甲氨基阿维菌素苯甲酸盐、四氯虫酰胺、氯虫苯甲酰胺、高效氯氟氰菊酯等药剂。早晚施药，重点喷施心叶和

按2元/千克计，增收1 400元/公顷以上。
1次，用药成本按225元/公顷计，用工成本按225元/公顷计，节约开支450元/公顷

间作种植技术模式图

八、技术应用案例

2020年，在江西省南昌市进贤县鄱瑞合作社鲜食玉米种植基地建立鲜食玉米/绿肥间作种植技术核心示范区。

处理：鲜食玉米/柽麻间作区；鲜食玉米单作+苗后茎叶处理除草剂喷雾区；鲜食玉米单作区（CK）。供试鲜食玉米品种赣科甜6号，由江西省农业科学院作物研究所提供。柽麻由郑州开元草业科技有限公司提供。

播种日期为4月9日。鲜食玉米栽培方式为穴播，密度50厘米×40厘米（约4.8万株/公顷）。柽麻间作配置方式为鲜食玉米行间撒播，用种量分别为22.5千克/公顷。所有处理区鲜食玉米播后芽前喷施720克/升异丙甲草胺乳油（1 350克/公顷，安徽华星股份有限公司）进行封闭除草。单作鲜食玉米+除草剂茎叶处理区播种后25天喷施1次30%硝磺草酮·莠去津可分散油悬浮剂（2 250毫升/公顷，青岛格力斯药业有限公司），其余处理播种后均不采取任何除草措施。鲜食玉米生长期间，田间悬挂性诱剂诱芯诱控害虫，并于拔节期和抽雄期各喷施1次200克/升氯虫苯甲酰胺悬浮剂450毫升/公顷防治虫害。基肥和追肥均为51%复合肥（17-17-17，史丹利农业集团股份有限公司），用量1 500千克/公顷，按总氮量基肥：苗肥：拔节肥：穗肥=4：1：2：3的比例分施。

鲜穗采收期，鲜食玉米/柽麻间作对杂草的鲜重防效达53.09%，田间杂草种类及种群结构与玉米单作相近。柽麻间作鲜食玉米鲜穗产量13 248.57千克/公顷，比玉米单作对照（12 422.92千克/公顷）产量提高6.65%，增产825.65千克/公顷，玉米鲜穗按2元/千克计，增收1 651.30元/公顷。增产效果与玉米单作+苗后茎叶处理除草剂喷雾处理区（7.07%）相当，减施苗后除草剂1次，用药成本按225元/公顷计，用工成本按225元/公顷计，节约开支450元/公顷，比玉米单作+苗后茎叶处理除草剂喷雾处理区效益提高434.88元/公顷。该技术模式不仅具有良好的抑草和增产效果，而且不改变田间杂草种群结构，能维持田间生态系统的多样性和稳定性，同时还能培肥地力（表1）。

表1　鲜食玉米/柽麻间作对杂草的控草、增产效果及经济效益比较

处理	出苗后施药次数	杂草鲜重防效（%，与CK比）	防治成本（元/公顷）			产量（千克/公顷）	增产（千克/公顷）	增产率（%）	增收节支（元/公顷）
			药剂成本	人工成本	成本合计				
鲜食玉米/柽麻间作区	0	53.09	0	0	0	13 248.57	825.65	6.65	1 651.30
鲜食玉米单作+苗后除草剂喷雾区	1	72.61	225	225	450	13 301.63	878.71	7.07	1 307.42
鲜食玉米单作区（CK）	0		0	0	0	12 422.92			

注：玉米鲜穗单价按2元/千克计。

冬种甜玉米轻简化高值高效栽培技术

一、技术概况

1. 核心技术、技术优势、适应性

"冬种甜玉米轻简化高值高效栽培技术"以水肥一体化、秸秆还田与保护性耕作、综合病虫害防控为核心技术。具有水肥利用率高、培肥地力、茬口间隔短、产值高等优势。适合在冬种区宜种窗口期短、土壤干旱的区域推广。

2. 技术背景

冬种甜玉米是粤西的优势特色产业，是华南地区以及中国季节性甜玉米供应的重要产地。经济效益高的前提下，种植户大量施用化学肥料和化学农药，投入产出比偏低、环境污染严重是当前产业面临的重要问题，制约产业的健康可持续发展。同时，在冬种区适宜种植的窗口期短，发展了多茬种植、茬口紧凑的栽培模式，也出现了重施化肥、少施有机肥的速效栽培模式，土壤理化特性恶化，制约土地的可持续生产能力。基于此，迫切需要肥水利用效率高、培肥地力、缩短茬口间隔的栽培技术。

3. 内容概述

该技术采用冬种区甜玉米连作种植体系（图1），通过秸秆还田和保护性耕作培肥地力、缩短茬口间隔，水肥一体化提高水肥利用效率，综合病虫害防控提高农药利用率，以达到水肥药高效利用、培肥地力、产值高的目标。

图1　湛江冬种甜玉米（供图人：高磊、熊婷）

二、技术要点

1. 品种选择

选择通过品审或者引种备案的高产优质耐寒甜玉米品种，种子芽率90%以上。

2. 耕地整地（秸秆还田与免少耕保护性耕作）（图2）

第1茬种植前，深松、晒田，精细整地。第1茬收获后，秸秆打碎还田，根据土壤具体情况少耕/浅耕整地。

图2　冬种区甜玉米秸秆打碎还田（供图人：高磊）

3. 种子处理

采用满适金、锐胜等拌种，阴干。

4. 播期确定

在9月上旬以后（白露）播种，在气候方面避开台风。在市场方面，避开珠三角地区的上市高峰期。

5. 播种方式

采用机械播种，单粒精播，大小行播种，小行距65厘米，大行距75厘米，株距30厘米。同期按照10%缺苗率育苗，以备移栽补苗。

6. 施肥灌溉（水肥一体化）（图3至图4）

精细整地前施用800千克有机肥，旋耕混合。播种后铺管，滴灌促萌发，出苗后定期滴灌水肥。

7. 病虫草害综合绿色防控

（1）化学除草。播种后1～2天封闭除草，苗期喷施专用除草剂除草，采用低毒农药+助剂+高效喷施农具。

（2）病虫害管理。在拔节期第1次喷药防虫害，在小喇叭口第2次喷药防病虫，大喇叭口至抽穗前第3次喷药防病虫，散粉后根据病虫发生状况，喷药防治病虫害。采用一喷多效+低毒农药+助剂+植物生长调节剂+高效喷施农具。

8. 适时采收

在授粉后20～25天，根据市场行情采收鲜穗，采后过冰水保鲜。

图3　冬种甜玉米水肥一体化之一（供图人：高磊）　　图4　冬种甜玉米水肥一体化之二（供图人：高磊）

9. 秸秆还田

鲜穗采收后，机械打碎秸秆还田。

三、适宜区域

该技术包含水肥一体化、秸秆还田与保护性耕作、综合病虫害防控等核心技术，适合在气候干旱地区、土壤肥力偏低且结构劣化的区域、复种系数高区域施行，利于水肥高效利用、培肥地力、高效利用光温资源。

四、效益分析

冬种甜玉米轻简化高值高效栽培技术示范区化肥亩用量以氮磷钾养分计分别为氮（N）21～25千克、磷（P_2O_5）7.5～10.2千克、钾（K_2O）13.4～13.6千克、2～5次施肥，病虫草害绿色综合防控技术模式施用农药220毫升/亩（嘧菌酯、苏云金杆菌等），农资、人工成本为1 200～1 290元/亩。而传统种植（对照）过程中不施有机肥，前茬秸秆移走作为饲料，化肥亩用量以氮磷钾养分计分别为氮（N）32千克、磷（P_2O_5）12千克、钾（K_2O）18千克、4～5次施肥，施用农药291毫升/亩。农资、人工成本为1 380元/亩。该技术在核心示范区比传统种植（对照）节约化肥21.3%～32.4%，农药32.1%。按照《全国高产创建测产验收办法》进行现场验收结果表明，高产技术较对照增产平均增产9.2%，按照当前市价3.2元/千克，较对照平均增产增收371.5元/亩，节本增效122.5元/亩，合计增收494.0元/亩。

五、注意事项

机械直播时注意土壤墒情过高导致的土壤黏结、直播卡种和漏播，注意在墒情合适、土壤松散时播种。

六、技术依托单位

单位名称：广东省农业技术推广总站

七、冬种甜玉米轻简化高值高效栽培技术模式图

月份	9		10		11		12	
	上	下	上	下	上	下	上	下
节气	白露	秋分	立春	雨水	惊蛰	春分	清明	谷雨
品种类型及产量构成	主要品种：粤甜28号、华美甜8号、粤甜26号等 产量构成：每亩3 000穗以上，每穗450～550克							
生育时期	**播种第一造甜玉米**：9月中旬至9月下旬　　　**收获**：12月中旬							
播前准备	选地	选择土层深厚、土壤物理性状好，20厘米以下的土层呈上实下虚状态，土壤有机质含量1.5%						
	整地	第2造甜玉米收获后，在机械灭茬和部分秸秆粉碎还田基础上深耕（松）30～40厘米，打破						
	精选种子	播前精选种子，确保种子纯度≥98%，发芽率≥95%，发芽势强，籽粒饱满均匀，无破损						
	种子处理	播前进行晒种、种子包衣或药剂拌种，增强种子活力，以控制苗期的茎腐病、纹枯病及地						
精细播种	冬种区夏季较热，温度较高，病虫害易发，一般在处暑以后栽培玉米，同时与珠三角产区错峰上市。同期按照10%缺苗率育苗，备用补苗。第一造收获后，机械打碎秸秆，旋耕少耕整地，机械直播甜玉米。子质量等因素综合确定适宜播种量，一般每亩0.6千克种子							
合理密植	冬种区适宜留苗密度为每亩3 000～3 200株。在播种后10～12天及时定苗补苗，留大苗、补大苗。辅助素等化学调控物质（浓度为通常用量的1/3～1/2）可有效地控制玉米植株高度，具有较好防倒伏增产效果							
科学施肥	①施肥原则：根据"因需施肥"的高产施肥原则，确定多元素肥料的配方及施用方法。肥料运筹上，增 ②施肥量：每年每亩高产田增施优质有机肥800千克、N 17～20千克、P_2O_5 10～12千克、K_2O 10～13千克， ③施肥时期：分基肥、拔节肥、穗肥和花粒肥4次施用，视具体情况减次施用。 ●基肥：结合深耕，将全部有机肥、磷肥、钾肥及30%氮肥施入土壤中； ●拔节肥：拔节期，追施占总量20%的氮肥，以水溶肥或者融化复合肥形式施用； ●穗肥：大喇叭口期，追施总氮量的30%，以水溶肥或者融化复合肥形式施用； ●花粒肥：灌浆初期，追施总氮量的10%，以水溶肥或者融化复合肥形式施用，延长玉米根系和叶片							
灌溉	根据冬种区玉米区的气候和土壤条件，播种时若土壤干旱应滴灌保墒促萌发，保证播种后苗全、苗齐、重，造成减产							
病虫害防治	防治杂草	播种后1～2天立即及时喷施化学除草剂。进行封闭。在拔节期前后是草害情况喷施选择性 注意不要在雨前或有风天气进行喷药						
	防治病害	①纹枯病：采用种衣剂包衣，播前按药种比1：40进行包衣，堆闷24小时，阴干。 ②大斑病、小斑病、锈病：发病初期，用阿米西达、助剂、芸薹素内酯500倍液喷雾，每隔						
	防治玉米螟	采取物理防治、生物防治和化学防治相结合的方法。生物防治包括苏云金杆菌防治玉米螟。 ①玉米螟防治：在小喇叭口期采用苏云金杆菌灌心叶，隔一日连续灌两次。 ②其他虫害防治：在移栽后10～15天喷施化学农药、助剂、芸薹素内酯防治虫害，其后每						
适时收获	在授粉后20～25天，根据市场行情适时收获鲜穗，保证最大经济效益。收获鲜穗后过冰水保鲜							
效益分析	该技术模式在核心示范区较对照组节约化肥21.3%～32.4%，农药32.1%，增产9.2%							

图5　冬种甜玉米轻简化

1		2		3		4
上	下	上	下	上	下	上
立夏	小满	芒种	夏至	小暑	大暑	立秋

播种第二造甜玉米：12月下旬至翌年1月上旬　　**收获**：3月下旬至4月上旬

以上，速效氮100毫克/千克左右，速效磷20毫克/千克左右，速效钾100毫克/千克左右的地块

犁底层，晒地，平整土地（翻、耕、耙、耱），第一造甜玉米播种前，旋耕精细整地

粒和病粒

老虎等地下害虫

在冬种区，地块大且平整，采用机械直播种，选用高产优质耐寒品种，芽率高于90%，播种前拌种，阴干，单粒精播，采用宽窄行种植，做到播深一致、下种均匀，播后及时镇压、滴灌保墒，保证出苗率。根据品种特性、留苗密度及种

措施包括：3叶期及时间苗、5叶期及时定苗，留大苗、壮苗、齐苗；及时去除病株和无效株；拔节期后喷施玉米矮壮

施有机肥、重施基肥、减少拔节肥、重施穗肥、增施花粒肥。
已复合肥形式施用，节省劳工。

的生理活性，防早衰，保粒数，增粒重

苗匀、苗壮；干旱时及时滴灌保墒。抽雄前后15天是玉米需水的关键时期，此期若缺水会造成果穗秃尖、少粒，降低粒

除草剂用于苗后处理。喷药时应退着均匀喷雾于土壤表面，切忌漏喷或重喷，以免药效不好或发生局部药害。另外，

7天喷1次，连喷2~3次

个15~20天喷施防治（视虫害发生情况），授粉后一周最后一次喷施防虫

高值高效栽培技术模式图

"甜玉米—蔬菜"轮作高值高效栽培技术

一、技术概况

1. 核心技术、技术优势、适应性

"甜玉米—蔬菜轮作高值高效栽培技术"集成作物轮作高效利用养分、秸秆/残体还田和浅少耕保护性耕作、覆盖地膜控草等核心技术。具有养分利用率高、培肥地力、产值高、投入降低等优势。适应在单造作物施肥量大、复种指数高、劳动密集型地区推广。

2. 技术背景

（1）甜玉米是华南地区的经济高效农作物，种植面积占全国的一半以上，具有管理简单、经济效益高的特点。目前甜玉米种植普遍重施化学肥料、轻施有机肥，导致土壤肥力降低、结构劣化，进而导致化学肥料利用效率偏低和环境污染，制约甜玉米产业的健康可持续发展。

（2）蔬菜是华南地区种植面积较大的作物，具有产值高、农资投入高等特点，普遍重施有机肥和化学肥料。蔬菜根系较浅，20厘米以下土壤中大量化学肥料得不到有效利用。农资成本高、养分利用率低且流失严重制约蔬菜产业的健康发展。

（3）秸秆/残体秸秆移走、焚烧等传统处理方式导致处理成本高、污染环境等劣势。随着人力资源的匮乏、土壤有机质含量持续降低等因素的影响，秸秆还田作为快速处理秸秆、提高土壤有机质培肥地力的手段的重要性逐渐凸显。

（4）利用华南地区作物种植体系和复种指数高的优势，研制产出高、投入低、养分利用率高的栽培技术具有很高的可行性。

3. 内容概述

该栽培技术采用周年甜玉米与蔬菜轮作栽培体系，通过秸秆/残体还田替代部分有机肥、浅少耕保护性耕作、甜玉米与蔬菜轮作高效利用养分、黑地膜控草等技术，以达到化肥农药农药利用率提高、培肥地力、产值高、投入少等目标。

二、技术要点

1. 品种选择

选择通过当地品种审定或者引种备案的优质抗逆高产甜玉米品种，选用通过当地品种评定的蔬菜品种。

2. 精细整地

种植第一造前，机械打碎秸秆/残体还田，机械撒施有机肥，重施，一年一次，旋耕混合土壤，晒

田，机械整地，精细起垄。

3. 地膜控草

起垄后喷施化学农药封闭灭草，然后覆盖黑地膜，打孔移栽。

4. 种子处理

购买包衣的甜玉米或者蔬菜种子，或者采用满适金和锐胜包衣，防治土传病害。

5. 播期确定

根据市场和气候确定播期，在温度最高的月份（7月）晒地，8月（立秋前后）种植甜玉米，一茬甜玉米后，移栽蔬菜（图1至图3）。

图1 甜玉米—蔬菜轮作区域的大田情况（供图人：高磊）

图2 甜玉米—蔬菜轮作的甜玉米茬（供图人：高磊）

图3　甜玉米—蔬菜轮作的蔬菜造（供图人：高磊）

6. 播种方式

播种到育苗盘，大塑料棚育苗，育苗后10～15天移栽。

7. 施肥灌溉

蔬菜基施有机肥和喷施化肥，甜玉米利用蔬菜造的有机肥和分次施用化学肥料。

8. 化控防倒

在拔节期采用喷施生长激素矮化植株，每周喷施一次，根据情况决定是否喷施第二次。

9. 综合控草

黑色地膜覆盖控草。采用低毒控草药剂和助剂，采用高地隙植保机喷施控草。

10. 病虫害管理

采用一喷多效、病虫防治药剂、助剂的方式，前期采用高地隙植保机喷施，封行后采用植保无人机喷施。

11. 适时采收

在授粉后20～25天，根据市场行情采收鲜穗。

12. 秸秆/残体还田

甜玉米鲜穗收获后，秸秆砍倒放到垄沟腐烂。蔬菜收获后，蔬菜残体砍倒放到垄沟腐烂（图4、图5）。

图4　甜玉米秸秆还田（供图人：高磊）　　　　图5　蔬菜造的甜玉米秸秆还田（供图人：高磊）

三、适宜区域

适应范围：适合光温资源充足、复种指数高、劳动密集型、精耕细作型的环都市农业区域。

四、效益分析

在甜玉米—蔬菜（西蓝花）轮作高值高效栽培技术示范区。在甜玉米造，化肥亩用量以氮磷钾养分计分别为氮（N）21千克、磷（P_2O_5）7.5千克、钾（K_2O）13.4千克、2～4次施肥，病虫草害绿色综合防控技术施用农药220毫升/亩（嘧菌酯、苏云金杆菌等），农资、人工、地租成本为1 250元/亩。而传统种植（对照）过程中不施有机肥，前茬秸秆移走作为饲料，化肥亩用量以氮磷钾养分计分别为氮（N）27千克、磷（P_2O_5）9.6千克、钾（K_2O）17千克、4～5次施肥，施用农药320毫升/亩。农资、人工、地租成本为1 380元/亩。该技术在核心示范区比传统种植（对照）节约化肥22.2%、农药31.3%。验收组按照《全国高产创建测产验收办法》进行现场验收结果表明，高效技术平均增产79.8千克/亩，较对照增产6.2%。按照当前市价3.5元/千克，较对照平均增产增收279.3元/亩，节本增效130元/亩，合计增收409.3元/亩。

五、注意事项

在华南地区，甜玉米种植密度在2 800～3 000株/亩。甜玉米—蔬菜轮作茬口较紧，需要提前大棚育苗，节约时间。

六、技术依托单位

单位名称：广东省农业技术推广总站

七、甜玉米—蔬菜轮作高值高效栽培技术模式图

月份		3		4		5		6		7		8	
		上	下	上	下	上	下	上	下	上	下	上	下
节气		小寒	大寒	清明	谷雨	立夏	小满	芒种	夏至	小暑	大暑	立秋	处暑

品种类型及产量构成	主要品种：通过区试试验审定的优质高产抗逆品种粤甜28号、广良甜27号等 产量构成：甜玉米每亩2 800～3 000穗，每穗450～550克。西蓝花3 500～4 000株/亩	
生育时期	**第一造甜玉米**：3月上旬至6月上旬　　**晒地**：7月上旬至8月上旬	
育苗前准备	选地	选择土层深厚、土壤物理性状好，20厘米以下的土层呈上实下虚状态，土壤有机质含量1.5%
	整地	机械灭茬、秸秆/残体打碎还田，深松，晒田1个月，施用有机肥，旋耕起垄，封闭除草，覆移栽第2茬甜玉米。甜玉米鲜穗收获后，秸秆粉碎机打碎秸秆还田，旋耕整地
	精选种子	精选种子，确保种子纯度≥98%，发芽率≥95%，发芽势强，籽粒饱满均匀，无破损粒和病粒
	种子处理	育苗前进行晒种、种子包衣或药剂拌种，增强种子活力，以控制苗期的纹枯病、茎腐病及地
精细育苗	由于茬口紧、甜玉米苗弱，因此华南地区多采用甜玉米育苗移栽，提高整齐度。由于茬口较紧，西蓝花	
合理密植	高产大穗型甜玉米品种每亩留苗密度2 800～3 000株，特优质型品种每亩留苗密度3 000～3 200株。选择	
科学施肥	①施肥原则：根据"因需施肥"的高产施肥原则，确定多元素肥料的配方及施用方法。肥料运筹上，增 ②施肥量：在移栽蔬菜前，每年每亩施优质有机肥800千克/亩，每造甜玉米施用N 17～20千克、P_2O_5 ③施肥时期：分基肥、苗肥、拔节肥、穗肥和花粒肥5次施用。 ●基肥：结合深耕，将全部有机肥、磷肥、钾肥及30%氮肥施入土壤中； ●苗肥：一般以复合肥作苗肥，每亩淋施复合肥3～5千克（约占总氮量的10%）； ●拔节肥：拔节期，淋施复合肥3～5千克（约占总氮量的10%）； ●穗肥：大喇叭口期，追施复合肥，总氮量的40%； ●花粒肥：灌浆初期，追施复合肥，占总氮量的10%，延长玉米根系和叶片的生理活性，防早衰，保	
灌溉	根据华南区的气候和土壤条件，移栽后应立即浇好定根水，保证移栽苗全、苗齐、苗匀、苗壮；生育期果穗秃尖、少粒，降低粒重，造成减产。因此，此期若降雨偏少，出现旱情，应及时浇水补灌	
病虫害防治	防治杂草	移栽前喷施化学除草剂。一般可用40%乙草胺·莠去津（每亩200毫升，兑水45～60千克）雾于土壤表面，切忌漏喷或重喷，以免药效不好或发生局部药害。另外，注意不要在雨前或
	防治病害	①茎腐病、纹枯病：采用种衣剂包衣，播前按药种比1：40进行包衣，或用10%咯菌腈·精甲 ②大斑病、小斑病：发病初期，用50%嘧菌酯500倍液+助剂+芸薹素内酯喷雾，每隔5天喷
	防治玉米虫害	采取物理防治和化学防治相结合的方法。物理防治包括性信息素诱捕器和紫外灯两种方法。 ①虫害防治：在移栽后，每15～20天喷施药剂+助剂，防治虫害，在吐丝后一周最后一次喷施 ②玉米螟：在喇叭口期，采用苏云金杆菌灌入玉米心叶，防治玉米螟
适时收获	在授粉后20～25天，根据熟期、市场行情，适时采收	
效益分析	该技术在核心示范区较对照组节约化肥22.2%，农药31.3%，增产6.2%	

图6　甜玉米—蔬菜轮作

9		10		11		12		1		2	
上	下	上	下	上	下	上	下	上	下	上	下
白露	秋分	寒露	霜降	立冬	小雪	大雪	冬至	小寒	大寒	立春	雨水

第二造甜玉米：8月下旬至10月下旬　　**西蓝花**：11月上旬至翌年2月下旬

以上，速效氮100毫克/千克左右，速效磷20毫克/千克左右，速效钾100毫克/千克左右的地块

盖黑地膜，移栽第1造甜玉米。甜玉米鲜穗收获后，秸秆砍倒垄沟覆盖还田，原垄移栽西蓝花，收获后残体垄沟还田，

老虎等地下害虫

采用育苗移栽，抢夺农时。采用育苗盘，在大棚内育苗

壮苗移栽，移栽后浇定根水，保证全苗。在播种后10～12天移栽。在拔节期喷施矮壮素控制植株高度抗倒伏

施有机肥、重施基肥、减少拔节肥、重施穗肥、增施花粒肥。
10～12千克、K$_2$O 10～13千克，以复合肥的形式施用。

粒数，增粒重

间，根据降雨情况，做好排水防止涝害，干旱时及时浇水，抽雄前后15天是玉米需水的关键时期，此期若缺水会造成

或乙草胺·莠去津·氯氟吡氧乙酸悬乳剂（每亩160～180毫升，兑水30～45千克）等进行封闭。喷药时应退着均匀喷
有风天气进行喷药

霜灵20克拌种子100千克，堆闷24小时，或用50%噻虫嗪按种子重量的0.7%进行拌种。
1次，连喷2～3次

药剂防治虫害。

高值高效栽培技术模式图

种养结合区青贮玉米化肥农药减施栽培技术模式

一、技术概况

针对四川省安岳县青贮玉米种植中化肥和农药等粗放使用、养分大量流失、病虫害暴发、生产瓶颈以及对环境带来的一些实际问题，结合前期调研结果，遴选出控释肥一次性深施技术、有机无机配合施用技术、土壤除草剂和茎叶除草剂高效安全防治技术、玉米新型种衣剂抗病抗虫综合防治技术等4项化肥农药减施增效关键技术，并优化集成了以"沼液+缓释肥节肥施肥+种衣剂包衣+除草剂芽前封闭+病虫害—喷多效+全程机播机收"技术为主的规模化栽培模式，旨在为该地区青贮玉米的合理种植提供理论指导。

二、技术要点

1. 前茬残余物处理及整地

选用中、小型旋耕机整地（图1），旋耕前清除前茬作物、杂草、石块等杂物，深松、深翻务求做到作业层深度≥12厘米，作业层深度合格率≥85%，层内直径大于4厘米的土块≤5%，地表残茬残留量≤200克/米^2，表土细碎、地面平整、无板结且上虚下实。

图1 整地

2. 品种选择

在品种选择时必须考虑当地的日照时间、积温、降水量、土壤肥力等因素，选用生物产量高，持绿性好，耐密植，抗倒，品质优良，抗（耐）主要病虫害以及适宜机播机收的青贮品种。经过多年的筛选，在以四川安岳县为代表的四川平丘区域，推荐渝青386、中玉335、雅玉8号等青贮玉米品种。这些品种全株干物质产量须在15 000千克/公顷以上，粗蛋白质含量7%～8.5%，粗纤维含量20%～35%。

需购买经过精选、分级、包衣等符合国家质量标准的种子，去除破种、杂质和过大或过小的种子。在播种前将种子进行暴晒2～3天并注意翻动，受晒均匀可有效提高种子发芽率。种子精选后为防治地下害虫及穗腐病、茎腐病等病害采用专用包衣剂处理，药种比为1：50，能较好地匹配相应的排种器，确保播种种子发芽率在95%以上。

3. 播种机选择

选用4行指夹式精量播种机，一次完成开沟施肥、播种、覆土、镇压等工序（图2），株距控制在20左右，行距60厘米可调，种植密度为5 500株/亩。播深4～6厘米可调。播种作业质量符合单粒率≥85%，空穴率<5%，粒距合格率≥80%，行距左右偏差≤4厘米。肥料在种子侧方，离种子10厘米以上。

图2 播种

4. 播种时间及播种密度

播种时间为4月上旬，可根据当地前茬作物收获时间定，在土壤相对持水量达到70%左右（或含水量25%左右）时适时播种，播深一般为4～5厘米。遇旱适当深播，但不超过6厘米，在播种出苗后4～6叶期进行间苗、定株，去弱留强同时要加强中耕除草，尽量做到苗全、苗齐、苗壮，一般成苗密度在4 500～6 000株/亩，用种量参照种子发芽率上浮5%～10%。适宜的种植密度能有效提高肥料的利用效率，是获得高产的一个重要因素。可根据土地肥力、光照条件、通风透光情况适当增加播种密度，是获得青贮玉米单位面积生物产量的有限途径之一。若密度太大，玉米植株茎秆变细倒折率增加，绿叶数减少，不仅生物产量减低而且品质较差。

5. 施肥

在玉米生育周期中肥料可分为基肥、种肥和追肥，肥料的合理施用是青贮玉米获得高产的前提。

（1）基肥。播前采用沼液5吨/亩均匀灌施于地表，适墒耕翻。沼液来源广泛、成本低廉，粪肥发酵可有效杀死病菌和虫卵，使用沼液可以有效做到种植与养殖的循环利用，可降低生产投入成本。

（2）种肥。种肥使用控释肥沃夫特（或百事达）施70%～80%纯氮（14～16千克/亩），播种时种肥同种子播施地表以下6～10厘米，种肥距种子5～10厘米以防烧种而缺苗。与粪肥相比，有机肥养分配比更加合理，近年来，有机肥在我国农业生产中用量逐渐增加。

（3）追肥。在抽雄吐丝期用沼液（20%～30%纯氮）进行追肥。若遇灾害性天气等原因造成中后期脱肥，可对苗情较差的地块追施尿素5千克/亩左右提苗。

6. 除草

除草剂施药器械为人工背负式电动喷雾器，使用900克/升乙草胺乳油200毫升和38%莠去津悬浮剂300毫升/667米²进行播后及时除草。在杂草3~4叶期使用10%烟嘧磺隆+200克氯氟吡氧乙酸+高效助剂进行茎叶除草。烟嘧磺隆为磺酰脲类吸传导型除草剂，可被植物的茎和根快速吸收，并通过木质部和韧皮部迅速传导，通过抑制植物体内乙酰乳酸合成酶的活性来阻止直连氨基酸的合成，进而阻止细胞分裂，从而造成敏感性植物死亡。添加功能助剂增强防除效果，减少除草剂用量。

7. 病虫害综合防控

对于病虫害的防治采用"生物防治为主，农药防治为辅"共同防治的原则，且在防治过程中农药选用低毒、高效和低残留的农药。青贮玉米主要虫害有草地贪夜蛾、玉米螟、黏虫、红蜘蛛、蚜虫等。主要病害有大斑病、小斑病、灰斑病、锈病、纹枯病、穗腐病、茎腐病等（图3）。阿维·高氯是一种应用广泛、玉米螟、高效的全型杀虫剂，是目前国内为数不多的高含量菊酯类复配产品，对草地贪夜蛾、蓟马、红白蜘蛛、抗性蚜虫等虫害具有较强的杀灭作用。此外，阿维·高氯对作物不会产生药害，且虫害不易产生抗性。青贮玉米出苗至拔节期是草地贪夜蛾为害的关键时期，防治不及时会造成植株缺苗从而减产。

图3 病虫为害

8. 收获

青贮玉米在乳熟期至蜡熟期收获，在籽粒乳线1/2~3/4、植株含水量在65%~70%时为最佳收获期，收割粉碎一体机整株收获（图4），机械作业质量符合总损失率≤3%，为了避免收获时将泥土卷入饲料中，此外地下部茎秆含有较高的木质素会影响饲料品质，因此在机器收割时残茬高度5~10厘米。

图4 收获

三、技术要点

本规程规定了青贮玉米栽培的术语和定义、播前准备、播种、田间管理以及收获等技术要求适用于平原、丘陵等地进行整株青贮的青贮玉米生产和养殖结合区。

四、效益分析

从社会效益来说，青贮玉米全程机械化解决了我国畜牧业发展中的饲料问题，同时节省了大量的劳动力，加速了剩余劳动力向其他行业的转移，提高了农业产业的竞争地位，产生了较大的经济效益。从生态效益来说，根据田间实际肥力情况按需施肥，化肥和农药与常规相比减施30%，青贮产量差异并不显著，这样不仅降低了肥料和农药的投入成本，而且降低了对环境的污染。从经济效益角度来说，经调研发现青贮玉米产品市场行情稳定，沼液来源广泛且成本低廉，用沼液替代化学肥料在一定程度上可以降低投入成本，又能做到养殖废物的循环利用。四川省2020年上半年平均青贮玉米价格为430元/吨，在"沼液+缓释肥节肥施肥+种衣剂包衣+除草剂芽前封闭+病虫害一喷多效+全程机播机收"技术为主上产模式下，青贮玉米产量在4 100千克/亩左右，在低投入高收获的模式中可获得较高的经济收益。

五、注意事项

一是因地制宜，选择良种。选择适宜当地的高产、高抗、优质的青贮玉米品种。

二是在旋耕土地前及时清除前茬作物、杂草以及铁屑等杂物。

三是适时播种，合理密植。依据温度和土壤墒情及质地判断播种时间、深度和播种密度。播种时做到四个一致，即土壤墒情一致、种子大小一致、播种深度一致、行距株距一致，这样才能保证苗齐、苗全和苗壮。

四是在种衣剂、除草剂、杀虫剂等选择农药时选用低毒、高效和低残留的农药。

五是适时收获。在籽粒乳线1/2~3/4、含水量在65%~70%时为最佳收获期。

六、技术依托单位

单位名称1：四川农业大学

联系人：林海建

单位名称2：四川绿初原牧业集团有限公司

联系人：杨洋

电子邮箱：1044429889@qq.com

七、青贮玉米化肥农药减施增效技术图

月份	4			5		
	上	中	下	上	中	下
节气	清明		谷雨	立夏		小满

品种类型及产量构成	主要品种：中玉335、渝青386 产量构成：每亩4 500穗以上，每穗500～600粒，千粒重310～430克，单穗粒重160～260克
生育时期	**播种**：4月上旬至4月中旬　　　**出苗**：4月中旬至4月下旬　　　**拔节**：5月中旬

播前准备	选地	选择地形平坦、土层深厚、交通便利、土壤肥力良好的地块，pH值为5.3～7.8，排水良
	整地	旋耕前清除前茬作物、杂草、石块等杂物，作业层深度≥12厘米，作业层深度合格率
	精选种子	播前精选种子，确保种子纯度≥98%，发芽率≥90%，发芽势强，选择粒大饱满均匀、
	种子处理	播前进行晒种、种子包衣或药剂拌种，增强种子活力，以控制苗期的灰飞虱、蚜虫、粗

精细播种	播种时间为4月上旬，可根据当地前茬作物收获时间定，在土壤相对持水量达到70%左右（或含水 利用效率，是获得高产的一个重要因素，在播种出苗后4～6叶期进行间苗、定株、去弱留强同时要加强
合理密植	适当增加播种密度是获得青贮玉米单位面积生物产量的有限途径之一。若密度太大，玉米植株茎秆变细 率上浮5%～10%
科学施肥	施肥原则：根据"因需施肥"的高产施肥原则，确定多元素肥料的配方及施用方法。 基肥播前采用沼液5吨/亩均匀灌施于地表，适墒耕翻。沼液来源广泛、成本低廉，粪发酵可有效杀死 种肥种肥使用控释肥沃夫特（或百事达）施70%～80%纯氮（14～16千克/亩），播种时种肥同种子播施 在我国农业生产中用量逐渐增加。 追肥在抽雄吐丝期用沼液（20%～30%纯氮）进行追肥。若遇灾害性天气等原因造成中后期脱肥，可对

病虫害防治	防治杂草	播种后及时喷施化学除草剂。一般可用40%使用900克/升乙草胺乳油200毫升和38% 去津·氟氯吡氧乙酸（120～150毫升/亩）进行茎叶除草。喷药时均匀喷雾于土壤表面或 人安全防护工作
	防治病害	采用专用包衣剂包衣处理按药种比1：50进行包衣
	防治玉米螟、草地贪夜蛾	利用化学药剂阿维·高氯（55～100毫升/亩）喷雾喷于玉米植株叶片及根部从而有效杀

适时收获	青贮玉米在乳熟期至蜡熟期收获，在籽粒乳线1/2～3/4、植株含水量在65%～70%时为最佳收获期，收割
效益分析	全程机械化可以有效节省劳动力，农药和化肥的减施在不影响产量的前提下节约投入成本

图5　青贮玉米化肥

6			7			8	
上	中	下	上	中	下	上	中
芒种		夏至	小暑		大暑	立秋	

抽雄、散粉、吐丝：6月下旬至7月上旬　　　　**成熟、收获**：8月上旬至8月中旬

好的耕地，坡地坡度25°以下

≥85%，层内直径大于4厘米的土块≤5%，地表残茬残留量≤200克/米²，表土细碎、地面平整、无板结且上虚下实等

无破损适合机播的籽粒

缩病、丝黑穗病及地老虎和金针虫等地下害虫

量25%左右）时适时播种，播深一般为4～5厘米。遇旱适当深播，但不超过6厘米。适宜的种植密度能有效提高肥料的中耕除草，尽量做到苗全、苗齐、苗壮

倒折率增加，绿叶数减少，不仅生物产量减低而且品质较差。一般成苗密度在4 500～6 000株/亩，用种量参照种子发芽

病菌和虫卵，使用沼液可以有效做到种植与养殖的循环利用，可降低生产投入成本。
地表以下6～10厘米，种肥距种子5～10厘米以防烧种而缺苗。与粪肥相比，有机肥养分配比更加合理，近年来，有机肥

苗情较差的地块追施尿素5千克/亩左右提苗

莠去津悬乳剂300毫升/亩等进行封闭。在杂草3～4叶期可使用烟嘧磺隆·莠去津（150～200毫升/亩）或烟嘧磺隆·莠
杂草茎叶表面，切忌漏喷或重喷，以免药效不好或发生局部药害。另外，打药时应在晴天、无风条件下进行并做好个

死地下害虫，青贮玉米出苗至拔节期是草地贪夜蛾为害的关键时期，防治不及时会造成植株缺苗从而减产

留茬高度5～10厘米

农药减施增效技术图

八、技术应用案例

四川省资阳市安岳县四川绿初原牧业集团有限公司在2020年3月采用以"沼液+缓释肥节肥施肥+种衣剂包衣+除草剂芽前封闭+病虫害一喷多效+全程机播机收"技术为主的机械化生产模式下，获得了明显的效果。按要求对农场进行整地、播种、田间管理和收获与高效机械化相结合，充分发挥全程机械化的优势实现了效益的最大化。

与当地常规技术相比，该生产模式在化肥减施的前提下，采用沼液代替部分化学肥料不仅降低投入成本，而且实现了种植业与养殖业的循环利用。与当地合作社联合，即实现了养殖废物利用，又降低了青贮玉米种植成本，种植的青贮玉米又销售给奶牛场用于青饲料，种植过程中严格把关，企业进行定期质检，实现了经济、社会和生态效益的协调发展。在玉米种植中全程使用机械化即降低了劳动力耗费，又提高了工作效率。根据田间实际肥力情况按需施肥，和农户常规相比，化学肥料减施30%～50%，农药减施20%～30%，直接降低生产成本85元/亩，这样不仅降低了肥料和农药的投入成本，而且降低了对环境的污染。在"沼液+缓释肥节肥施肥+种衣剂包衣+除草剂芽前封闭+病虫害一喷多效+全程机播机收"技术为主上产模式下，实现青贮玉米产量在4 100千克/亩，和农户传统种植相比产量增加17.8%，按照当地青贮玉米市场收购价格，青贮玉米增收322元/亩，在低投入高收获的模式中可获得较高的经济收益。